三峡气候

陈鲜艳　高迎新　李泽椿　主编

气象出版社
China Meteorological Press

内容简介

本书基于三峡库区长序列的气象观测资料和三峡库区典型剖面的立体气候观测资料，从库区气候背景出发，分析了三峡库区的基本气候特征，评估了三峡水库蓄水对库区局地气候的影响、气候变化对三峡工程及库区的可能影响及适应性对策，并对近几年公众关心的极端天气气候事件的成因进行解析并阐述其与三峡工程的关联。

全书可供从事气候变化研究、水利工程、气候影响评估等科研业务人员参考，也可供大中专院校的师生参考。

图书在版编目(CIP)数据

三峡气候/陈鲜艳，高迎新，李泽椿主编. —北京：气象出版社，2015.12

ISBN 978-7-5029-6318-7

Ⅰ.①三… Ⅱ.①陈… ②高… ③李… Ⅲ.①三峡-气候-研究 Ⅳ.①P468.271.9

中国版本图书馆 CIP 数据核字(2015)第 316529 号

Sanxia Qihou

三峡气候

出版发行：气象出版社

地　　址：北京市海淀区中关村南大街 46 号　　**邮政编码：**100081

总 编 室：010-68407112　　**发 行 部：**010-68409198

网　　址：http://www.qxcbs.com　　**E-mail：**qxcbs@cma.gov.cn

责任编辑：黄菱芳　王凌霄　　**终　　审：**周　煜

封面设计：易普锐创意　　**责任技编：**赵相宁

印　　刷：北京京科印刷有限公司

开　　本：710 mm×1000 mm　1/16　　**印　　张：**8.5

字　　数：154 千字　　**彩　　插：**4

版　　次：2015 年 12 月第 1 版　　**印　　次：**2015 年 12 月第 1 次印刷

定　　价：48.00 元

编委会

主　　编： 陈鲜艳　高迎新　李泽椿

编著人员： 邹旭恺　叶殿秀　刘　敏　程炳岩
王月冬　吴　佳　徐　影　姜　彤
文永仁　李　超　毛冬艳　谌　芸
盛　杰

前　言

长江三峡工程作为世界上最大的水利枢纽工程之一，经过近20年的建设运行，已经开始发挥其防洪、发电、航运、供水、抗旱、环境和生态的综合效益。本书在科学分析三峡地区气候观测数据的基础上，从库区气候背景出发，分析了三峡库区的基本气候特征，评估了三峡水库蓄水对库区局地气候的影响、气候变化对三峡工程及库区的可能影响及适应性对策，并对近几年公众关心的极端天气气候事件的成因进行解析并阐述其与三峡工程的关联。

全书共分6章，第1章概述了长江三峡库区气候特征，第2章讲述了三峡库区的气象灾害，第3章为三峡库区气候影响因子，第4章是三峡及周边地区重大天气气候事件的成因，第5章对比分析三峡水库建设前后的气候异同，第6章阐述了未来三峡库区的气候变化。由于学识水平有限，书中肯定难免有欠妥之处，欢迎广大读者批评指正。

编者

2015年12月15日

目 录

第 1 章　三峡库区气候特征

1.1　三峡概况

长江三峡是指西起重庆奉节白帝城，东至湖北宜昌南津关的一段山水壮丽的大峡谷，其自西向东主要有三个大的峡谷地段：重庆瞿塘峡、重庆巫峡和湖北西陵峡，三峡因而得名。

1992 年，第七届全国人民代表大会第五次会议通过《关于兴建三峡工程的决议》，1994 年，三峡工程正式动工兴建，2003 年，三峡水库蓄水至 135 m，双线五级船闸成功试通航，2010 年 10 月 26 日，三峡工程首次达到 175 m 正常蓄水位。三峡工程大坝位于三峡西陵峡内的宜昌市夷陵区三斗坪，并和其下游不远的葛洲坝水电站形成梯级调度电站，控制流域面积 100 万 km^2，占长江总流域面积的 55.6%。长江三峡工程由拦江大坝和水库、发电站、通航建筑物等部分组成。大坝为混凝土重力坝，大坝总长 3035 m，坝顶高程 185 m，设计正常蓄水水位为 175 m，防洪限制水位为 145 m，总库容 393 亿 m^3，其中防洪库容 221.5 亿 m^3。三峡电站装机 34 台，装机总量 2250 万 kW；年发电量 882 亿 kW·h。大坝通航设施为双线 5 级船闸 1 座，可通过万吨级船队；垂直升船机 1 座，可快速通过 3000 吨级轮船；年单向通航能力 5000 万 t。

三峡库区包含了长江流域因三峡水电站的修建从而被淹没的湖北省所辖的夷陵区、秭归县、兴山县、恩施州所辖的巴东县；重庆市所辖的巫山县、巫溪县、奉节县、云阳县、开县、万州区、忠县、涪陵区、丰都县、武隆县、石柱县、长寿区、渝北区、巴南区、江津区及重庆核心城区（包括渝中区、沙坪坝区、南岸区、九龙坡区、大渡口区和江北区）。

迄今，三峡水库已是一座长 663 km，河面最宽处达 2 km，总面积达 1084 km^2 的水面平静风光旖旎的峡谷型水库，是目前世界上规模最大的水电站之一。三峡库区四季明显，冬寒夏热，雨热同季，并具有独特的峡谷气候。

1.2　三峡库区气温

三峡库区处于长江上游，因北有秦岭、大巴山阻挡，北方冷空气不易侵入，总体而言，库区年平均气温为16～18 ℃，气候温暖。年内逐月气温分布为单峰单谷型，最冷月为1月，最热月为7月。气温的年较差和日较差都比较小。三峡库区冬季是中国著名的冬暖中心之一，受地形屏蔽及西南暖舌的共同影响，且河谷地区高山夹峙，下有水垫，易形成逆温层，比同纬度其他地区气温高，1月平均气温比同纬度长江中下游一带高出3 ℃以上。

库区内地形地貌多样，属亚热带季风气候区，但区域气候差异大，气候空间分布复杂，局地气候包括河谷南亚热带、中亚热带、山地北亚热带、暖温带、中温带等5种类型。谷地一般夏热冬暖，山地夏凉冬寒，温凉多雨，雾多湿重，并具有阴阳坡气候不同的特点，小气候特征十分明显。因库区长序列气象观测站位置所限，以下本文中所列出的库区平均气候均以三峡库区范围内国家气象站资料统计得出。气象站的地理位置分布如图1.1所示，站点信息见表1.1。

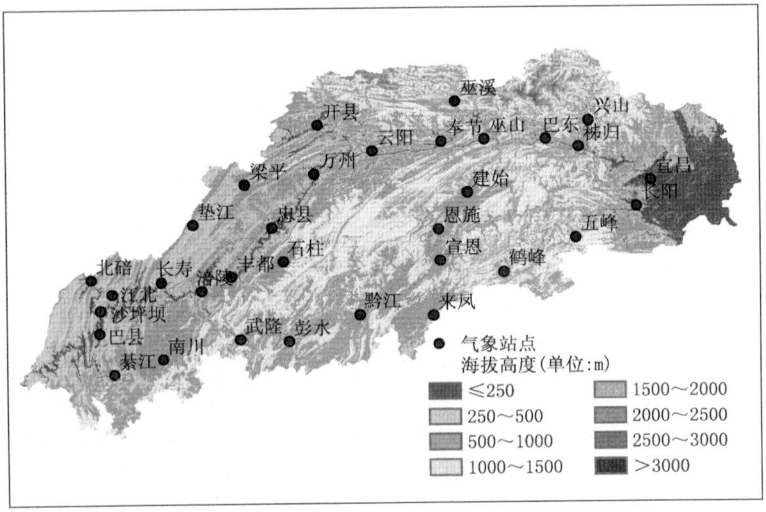

图1.1 三峡库区范围及气象观测站分布(附彩图1.1)

表1.1 气象站点信息

站名	台站类型	位置	海拔高度/m	资料起止时段
开县	国家一般气象站	重庆市	216.5	1956—2013年
云阳	国家一般气象站	重庆市	297.2	1957—2013年
巫溪	国家一般气象站	重庆市	337.8	1956—2013年
奉节	国家基本气象站	重庆市	299.8	1952—2013年
巫山	国家一般气象站	重庆市	275.7	1959—2013年
巴东	国家基本气象站	重庆市	334.0	1952—2013年

续表

站名	台站类型	位置	海拔高度/m	资料起止时段
秭归	国家基本气象站	湖北省	295.5	1959—2013 年
兴山	国家基本气象站	湖北省	336.8	1958—2013 年
垫江	国家一般气象站	重庆市	443.8	1957—2013 年
梁平	国家基本气象站	重庆市	454.5	1951—2013 年
万州	国家基本气象站	重庆市	186.7	1959—2013 年
忠县	国家一般气象站	重庆市	325.6	1959—2013 年
石柱	国家一般气象站	重庆市	632.3	1957—2013 年
建始	国家基本气象站	湖北省	609.2	1959—2013 年
恩施	国家基本气象站	湖北省	457.1	1951—2013 年
五峰	国家基本气象站	湖北省	619.9	1957—2013 年
宜昌	国家基本气象站	湖北省	133.1	1951—2013 年
长阳	国家一般气象站	湖北省	142.6	1959—2013 年
北碚	国家一般气象站	重庆市	240.8	1935—2013 年
江北	国家一般气象站	重庆市	464.7	1959—2013 年
沙坪坝	国家基本气象站	重庆市	259.1	1943—2013 年
巴县	国家一般气象站	重庆市	506.1	1959—2013 年
南川	国家一般气象站	重庆市	698.8	1957—2013 年
长寿	国家基本气象站	重庆市	377.6	1959—2013 年
涪陵	国家一般气象站	重庆市	372.8	1952—2013 年
丰都	国家基本气象站	重庆市	290.5	1959—2013 年
武隆	国家一般气象站	重庆市	277.9	1957—2013 年
黔江	国家基本气象站	重庆市	607.3	1959—2013 年
彭水	国家一般气象站	重庆市	322.2	1945—2013 年
宣恩	国家一般气象站	湖北省	532.5	1959—2013 年
鹤峰	国家一般气象站	湖北省	539.8	1959—2013 年
来凤	国家基本气象站	湖北省	502.8	1953—2013 年
綦江	国家基本气象站	重庆市	474.7	1957—2013 年

三峡库区多年平均气温分布具有明显的西北高东南低特征，长江以北及重庆市区附近年平均气温较高(图 1.2)。沿长江干流，云阳与沙坪坝的年平均气温为库区两个相对高值区，分别为 18.5 ℃和 18.3 ℃，三峡坝区秭归的年平均气温约为 16.6 ℃，为库区气温相对低值区。从区域分布来看，库区多年平均气温分布具有明显的西北

高东南低，长江以北及重庆市区附近年平均气温基本在 18 ℃左右，气温最高的重庆綦江有 18.8 ℃；而长江以南大部地区气温基本在 17 ℃以下，最低的湖北五峰县只有 14.0 ℃。

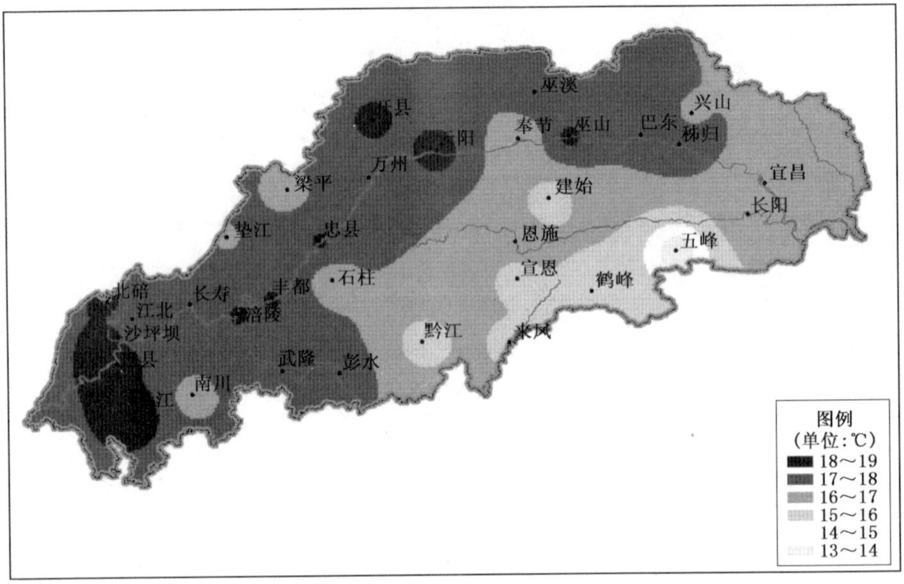

图 1.2 三峡库区常年平均气温分布图(附彩图 1.2)

冬季，库区各地季节平均气温明显呈西高东低分布，季节平均气温在 6～9 ℃。空间分布上，鄂西南山区冬季平均气温比库区西部地区偏低 2～3 ℃，其中五峰为库区气温最低处(图 1.3)。在气候变化背景下，近十年库区大部地区的冬季气温略有上升，平均值一般在 6.6～9.0 ℃，库区中部地区的巫山、万州等地气温升幅较为明显，升温幅度比平均值大 0.6～0.8 ℃。春季，库区平均气温较冬季普遍回升 10 ℃左右，季节平均气温一般在 16～18 ℃，地域分布特点西高东低。近几年库区春季的季平均气温普遍上升，较常年同期偏高，其中宜昌春季平均气温上升幅度达 1.9 ℃，巫山、万州、丰都站偏高 1.0 ℃，其余各站偏高 0.4～0.9 ℃。夏季，除鄂西山地外，东西部的季节平均气温差别不大，沿长江干流地区气温一般为 26～27 ℃(图 1.3)。近年来受气候变暖影响，夏季平均气温有所升高，在 27～28 ℃，其中，沙坪坝、万州等地的夏季平均气温是库区的高值区，同时也是中国夏季的酷暑中心。秋季，库区季平均气温的地域分布与冬、春季类同，西高东低的分布态势明显，各地季平均气温为 17～19 ℃，略高于春季。

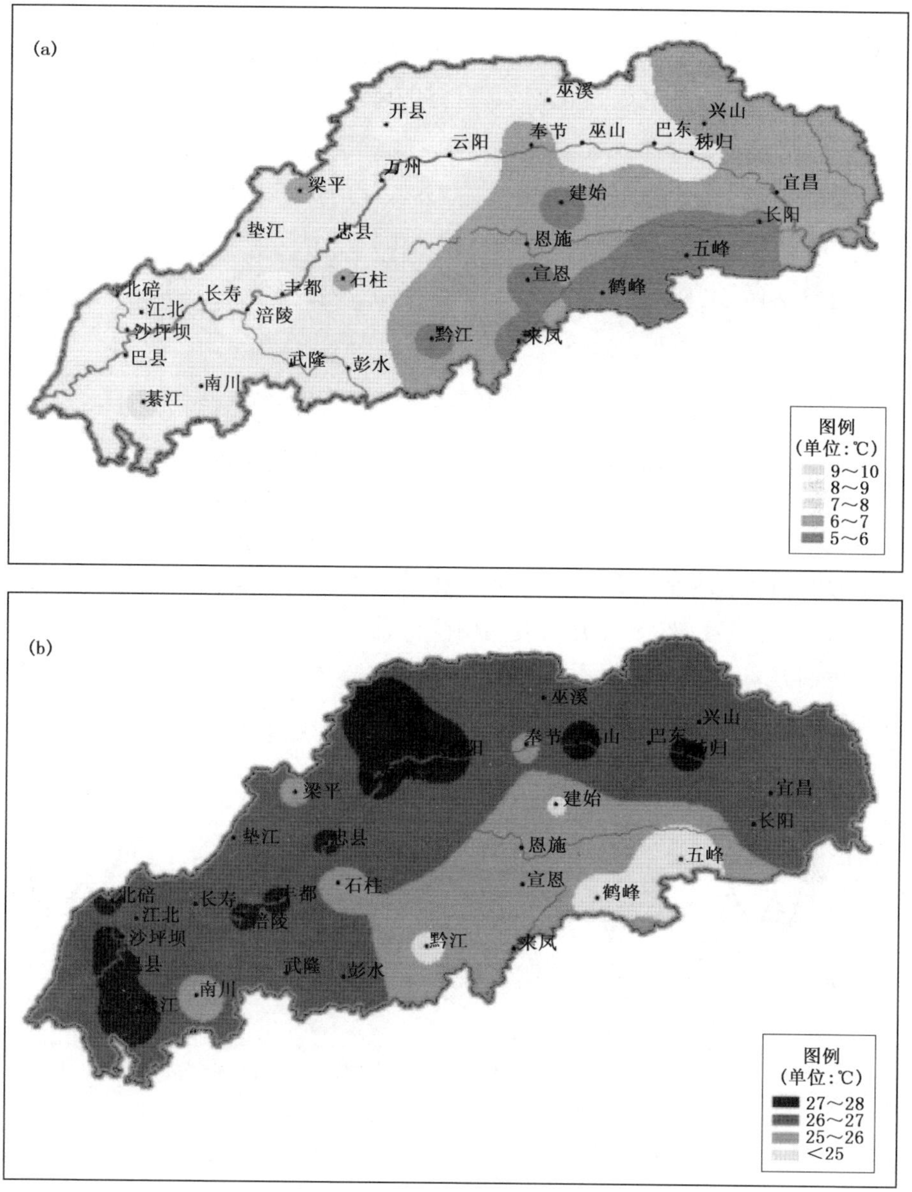

图 1.3　三峡库区常年冬季(a)和夏季(b)平均气温分布图(附彩图 1.3)

库区平均气温年内呈单峰型分布,年内气温最高值一般出现在 8 月份,为 28.2 ℃。最低值出现在 1 月份,为 6.7 ℃,气温的年较差为 21.5 ℃(图 1.4)。年内,1 月、2 月和 12 月的月平均气温皆低于 10 ℃;3 月、4 月、10 月和 11 月的月平均气温为 10～20 ℃,

5—9 月各月平均气温均在 20 ℃以上，7 月和 8 月在 28 ℃左右。月际平均气温升降变幅差异较大，冬季各月和盛夏 7，8 月份库区气温变化最小，为 1 ℃左右；春、秋季，3 月、4 月和 10 月、11 月，气温变化剧烈，升温与降温幅度一般有 5～6 ℃。

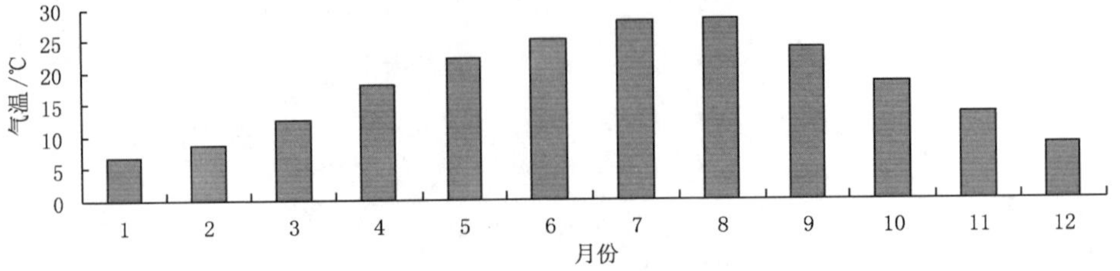

图 1.4 三峡库区年平均气温年内变化

三峡库区年平均气温的年际变化不大，历年年平均气温的最低值与最高值分别为 17.2 ℃(1989 年)和 19.0 ℃(2006 年)。库区各地年平均气温最高值与最低值的变幅一般在 1.3～1.8 ℃，巴东、宜昌最大，为 1.8 ℃，秭归最小，为 1.3 ℃。就年平均气温历年变化而言，近 50 a 来三峡库区气温经历了一个高—低—高的过程，即 20 世纪 60 年代初气温较高，然后气温在波动中降低，到 20 世纪 80 年代中后期达到最低，然后又开始回升，进入 21 世纪后气温持续攀升。总体来说，三峡库区年平均气温存在上升趋势，且变幅增大。

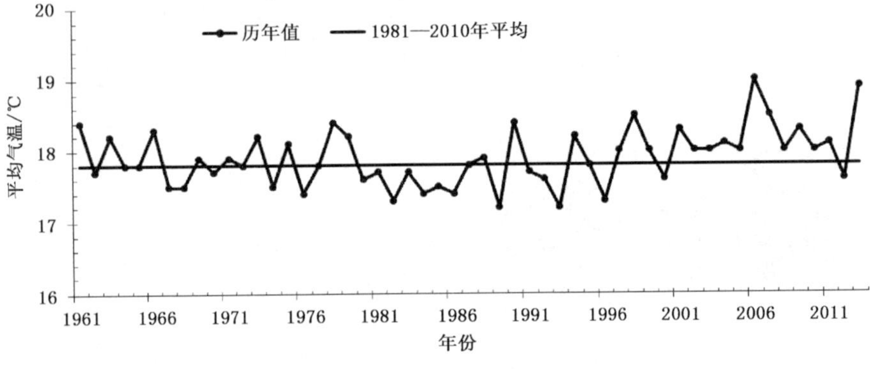

图 1.5 1961—2013 年三峡库区的年平均气温

就不同季节平均气温变幅而言，冬季历年季平均气温最高值与最低值分别为 1979 年的 9.3 ℃和 1977 年的 6.3 ℃，变幅为 3.0 ℃。自 20 世纪 80 年代以来，库区冬季平均气温呈现明显的上升趋势。春季历年季平均气温的最高值与最低值分别为 18.8 ℃(2004 年)和 16.2 ℃(1996 年)，变幅为 2.6 ℃。从变化趋势来看，库区春季平均气温有微弱的增暖趋势，但近几年春季增暖趋势增大。夏季平均气温的最高值

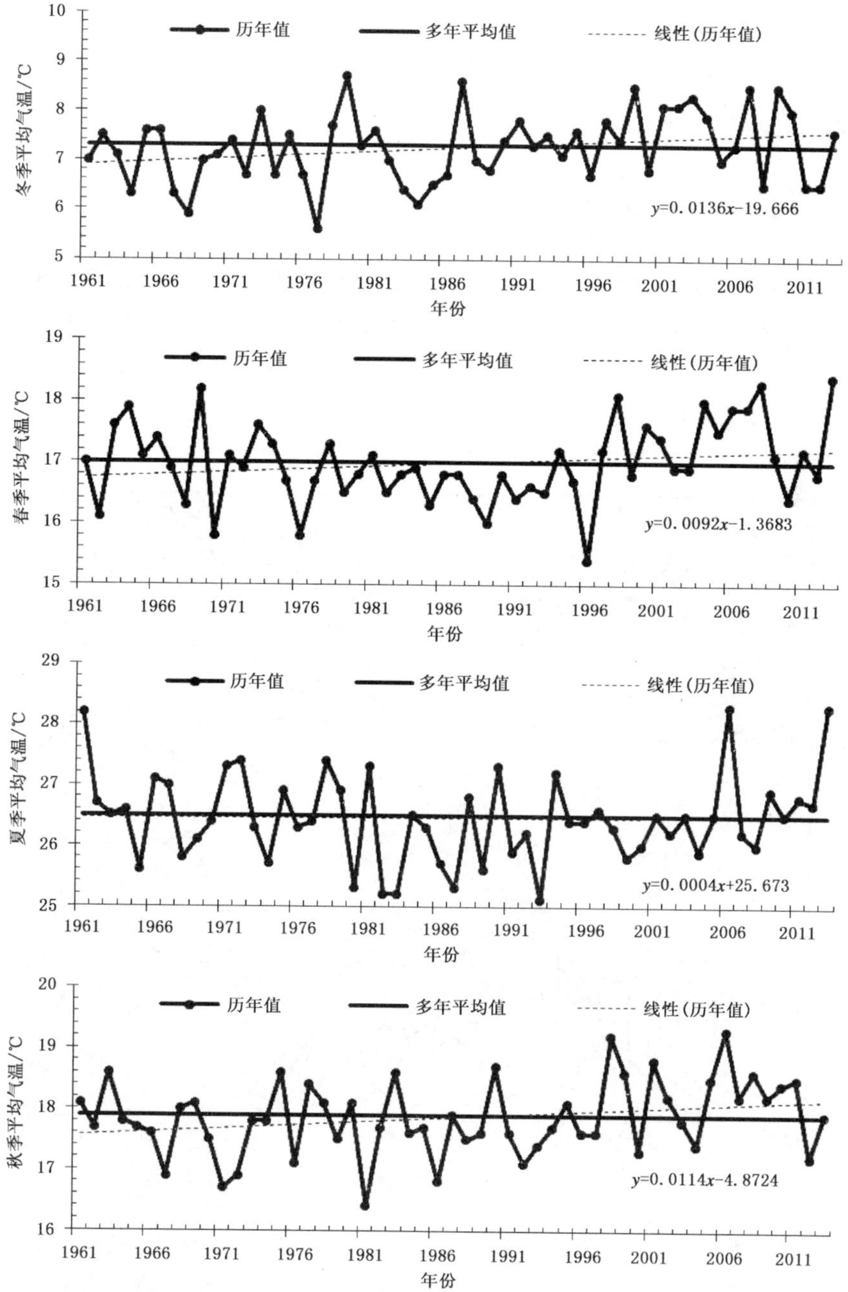

图 1.6　1961—2013 年三峡库区各季节平均气温历年变化

与最低值分别为 2006 年的 29.1 ℃和 1987 年的 25.9 ℃，变幅为 3.2 ℃，总体上夏季平均气温呈微弱的下降趋势。秋季平均气温的最高值出现在 2006 年，达 20.0 ℃，最低值出现在 1981 年，为 16.9 ℃，变幅为 3.1 ℃，秋季气温趋势近年来表现出与春、冬季一致的上升趋势(图 1.6)。

1.3 三峡坝区地面气温

三峡库区初期蓄水期间，国家气候中心以宜昌作为典型区域，在宜昌附近设立自动站，并结合人工观测站进行加密时段的气候观测。其中人工气象观测站有宜都、宜昌、长阳、兴山、神农架、秭归，新设的自动站有三峡站(乐天溪)、枫箱沟、苏家坳、坛子岭和太阳包，均分布在三峡坝区(图 1.7)。加密观测时间为 2005 年 7 月—2006 年 6 月。本文将此次加密观测的结果称为三峡坝区气候分析。

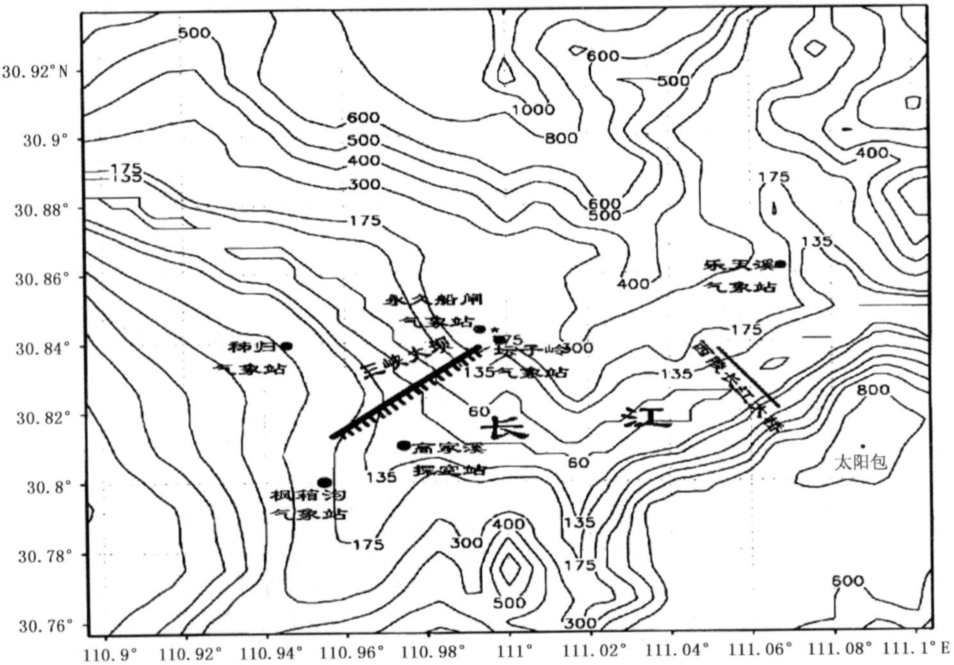

图 1.7　三峡坝区气象观测站点分布(等值线为等高线，单位：m)

自动站观测项目每天进行 24 次正点定时观测。对比分析中发现自动站与人工观测数据大多数要素差别不大，但降水量差值较大。考虑到自动站资料有缺测记录或错误记录，同时也为了保证分析结果具有平均统计意义，计算日平均时首先统计 24 小时观测平均，缺测(或错误)记录大于 4 个时次则重新统计 3 小时一次的日平均结果，如果仍有缺测（或错误）记录则认为该天缺测；日缺测（或错误）记录大于 5 天则认为该月缺测；若 12 个月均有月平均值则给出年平均统计结果。

坝区附近不同测点或不同海拔高度的平均气温均呈现出明显的季节变化特征，夏季最高，冬季最低，春秋两季相仿。受地形地貌影响，一些海拔高度相近的测站由于分布位置不同，温度差异较大。表 1.2 为选取站点及其各代表月地面气温随高度分布值。

表 1.2　2005 年 7 月—2006 年 6 月不同海拔高度测站地面气温

项目	站名	海拔/m	地面气温/℃											
			2005 年						2006 年					
			7 月	8 月	9 月	10 月	11 月	12 月	1 月	2 月	3 月	4 月	5 月	6 月
平均气温	宜都	71.6	29.2	25.9	24.2	17.6	13.9	6.5	4.4	5.6	12.7	18.6	23.1	26.8
	宜昌	133.1	28.9	25.9	24.6	18.1	14.6	6.9	5.1	6.0	13.3	18.9	23.3	26.8
	乐天溪	139.9	28.5	25.2	23.6	17.5	14.0	7.0	5.6	6.8	13.3	18.3	22.7	26.1
	长阳	144.2	28.6	25.3	23.8	17.3	13.5	6.4	5.0	5.9	12.7	18.2	22.3	25.8
	枫箱沟	185.3	28.5	25.3	23.7	17.7	14.1	7.2	5.7	6.8	13.3	18.5	22.7	26.3
	苏家坳	195.0	29.3	25.9	24.3	19.6	14.6	7.6	6.1	7.1	13.8	19.3	23.6	27.2
	坛子岭	206.6	28.4	25.0	23.7	17.6	14.0	6.9	5.4	6.5	13.2	18.4	22.6	26.2
	兴山	275.6	28.6	25.2	23.7	17.1	13.0	6.7	5.7	7.6	13.2	17.9	22.3	26.5
	秭归	295.6	28.1	24.8	23.4	17.1	13.5	6.3	4.8	5.8	12.7	18.1	22.3	25.8
	神农架	937.2	23.5	20.4	18.4	12.0	8.9	2.2	0.4	2.5	8.9	13.5	17.7	22.0
	太阳包	1000.6	23.7	19.4	18.3	12.6	9.5	1.8	0.3	1.6	9.0	14.0	18.3	21.1
平均最高气温	宜都	71.6	34.2	29.9	29.2	22.1	17.9	10.4	8.1	9.1	18.7	24.6	28.8	31.9
	宜昌	133.1	33.8	29.9	29.3	22.5	18.7	10.6	8.6	9.5	19.4	24.9	28.6	31.8
	乐天溪	139.9	34.3	29.9	28.8	22.4	18.8	11.7	9.8	11.8	20.9	25.5	29.8	32.7
	长阳	144.2	34.0	29.7	29.1	22.1	17.8	10.4	8.6	9.6	19.0	24.7	28.4	31.5
	枫箱沟	185.3	33.8	29.7	28.7	21.8	18.1	11.2	9.4	11.1	20.0	25.0	28.7	32.3
	苏家坳	195.0	35.4	31.1	30.1	25.1	18.8	11.4	9.9	11.4	20.7	26.3	29.9	33.7
	坛子岭	206.6	33.9	29.8	28.9	21.8	18.0	10.9	9.2	10.6	19.9	25.0	28.6	32.2
	兴山	275.6	34.8	30.7	30.3	22.4	18.0	12.4	10.7	12.7	20.8	25.7	29.7	34.0
	秭归	295.6	33.5	29.4	28.5	21.3	17.5	10.2	8.5	9.9	18.9	24.5	28.1	31.6
	神农架	937.2	29.0	25.1	24.3	17.1	14.2	7.5	5.5	8.2	15.9	21.0	24.9	29.0
	太阳包	1000.6	26.9	22.6	21.9	15.7	13.0	5.1	3.6	5.2	14.0	18.8	21.9	25.4
平均最低气温	宜都	71.6	25.7	23.2	20.8	14.5	11.2	3.5	1.9	3.3	8.5	14.2	18.9	22.9
	宜昌	133.1	25.6	23.0	21.1	15.0	11.7	4.0	2.5	3.7	9.0	14.5	18.9	23.0
	乐天溪	139.9	24.8	22.1	20.1	14.3	10.8	3.7	2.6	3.9	8.3	13.4	17.5	21.7
	长阳	144.2	25.0	22.5	20.3	14.3	10.7	3.4	2.4	3.6	8.3	13.8	17.9	21.9
	枫箱沟	185.3	25.0	22.7	20.6	14.9	11.3	4.3	3.3	4.2	9.0	14.1	18.3	22.4
	苏家坳	195.0	25.3	22.8	21.0	15.5	11.8	4.9	3.7	4.5	9.3	14.7	18.9	22.9

续表

项目	站名	海拔/m	地面气温/℃											
			2005 年						2006 年					
			7 月	8 月	9 月	10 月	11 月	12 月	1 月	2 月	3 月	4 月	5 月	6 月
平均最低气温	坛子岭	206.6	24.8	22.2	20.4	14.6	11.1	4.1	2.9	3.9	8.7	14.0	18.0	22.2
	兴山	275.6	24.3	21.6	19.2	13.7	9.7	2.7	2.3	4.0	7.5	12.2	16.8	21.2
	秭归	295.6	24.4	21.9	19.9	14.1	10.5	3.5	2.3	3.3	8.2	13.6	17.7	21.8
	神农架	937.2	19.7	17.4	14.6	8.7	5.2	−1.5	−2.9	−1.1	3.7	7.7	12.0	16.6
	太阳包	1000.6	20.6	17.7	15.8	10.5	7.3	−0.3	−1.6	−0.9	6.0	10.9	15.0	19.0

明显看出，不同海拔高度所有测点的平均气温都呈现明显的年变化特征，7 月最高，1 月最低。在海拔 1000 m 以下，最冷月 1 月平均气温为 0.3～6.1 ℃，最热月 7 月平均气温为 23.5～29.3 ℃，年平均气温为 12.5～18.2 ℃。在海拔 300 m 以下各站之间，同一时间内平均气温随高度变化规律不明显，各高度层之间的平均气温差异主要是由地形差异所造成。在 300 m 以上，海拔高度对平均气温的影响较明显。

选定海拔 140 m(乐天溪)、300 m(秭归)、1000 m(太阳包)三个高度的平均气温年变化比较，可以发现不同海拔高度，气温年变化曲线位相相同，即都在 7 月达到全年最高，1 月达到全年最低；300 m 以下，不同海拔高度年内各月平均气温差别不大，但随着高度升高，各月平均气温明显降低。乐天溪和太阳包 1 月平均气温分别为 5.6 ℃和 0.3 ℃，相差 5.3 ℃。7 月平均气温分别为 28.5 ℃ 和 23.7 ℃，相差 4.8 ℃。

三峡坝区海拔 1000 m 以下地区，除神农架外，平均最高气温最大值均出现在 7 月，最小值均出现在 1 月。1 月平均最高气温为 3.6～10.7 ℃，7 月平均最高气温为 26.9～35.4 ℃，春季 4 月和秋季 10 月分别为 18.9～26.3 ℃和 15.7～22.7 ℃(表 1.2)。

海拔 200 m 以下各站之间相同月或年平均最高气温差异不大，200 m 以上，平均最高气温随海拔高度增高而减小。同样分析海拔约 140 m(乐天溪)、300 m(秭归)、1000 m(太阳包)三个高度上平均最高气温年变化，不同海拔高度，平均最高气温年变化曲线为同位相，即都在 7 月达到全年最高，1 月达到全年最低。海拔 200 m 以上，随海拔高度增加，各月、年平均最高气温降低。乐天溪和太阳包 1 月平均最高气温分别为 9.8 ℃和 3.6 ℃，相差 6.2 ℃；7 月平均最高气温分别为 34.3 ℃和 26.9 ℃，相差7.3 ℃。极端最高气温反映的是当地高温的最大强度。三峡坝区 2005 年 7 月—2006 年 6 月极端最高气温除兴山出现在 6 月份外，其余均出现于 7 月。另外，在加密观测的年份中，通过统计历史资料较长的几个站点发现，长阳 2005 年 7 月 4 日出现该站近 50 a 来 7 月极端最高气温(40.8 ℃)，兴山 2006 年 6 月 18 日出现该站近 50 a 来 6 月最高气温的第三高值(40.9 ℃)，神农架 2006 年 6 月 17 和 18 日分别出现该站近 50 a 来 6 月最高气温的最高值(35.6 ℃)和次高值(35.5 ℃)(表 1.3)。

表1.3　2005年7月—2006年6月各测站极端最高气温

站名	海拔/m	极端最高气温/℃												
		2005年						2006年						最高值
		7月	8月	9月	10月	11月	12月	1月	2月	3月	4月	5月	6月	
宜都	71.6	39.4	38.6	38.2	27.6	24.9	15.4	12.9	15.8	25.5	34.0	35.5	37.3	39.4
宜昌	133.1	39.8	37.7	37.2	27.9	24.9	16.6	14.6	16.6	26.3	34.5	33.9	36.2	39.8
乐天溪	139.9	40.8	38.6	35.7	27.8	24.6	16.5	16.8	20.1	29.3	34.5	36.6	38.4	40.8
长阳	140.6	40.8	38.4	38.7	27.3	24.1	16.8	14.5	16.6	26.3	34.7	35.5	36.3	40.8
枫箱沟	185.3	38.4	38.2	35.8	27.5	23.8	15.5	16.2	18.8	27.2	35.0	36.2	38.4	38.4
苏家坳	195.0	40.3	40.1	37.1	28.5	26.5	16.0	17.4	21.2	28.7	35.6	38.3	40.2	40.3
坛子岭	206.6	40.1	38.2	36.2	27.2	24.7	15.8	16.6	19.0	27.5	34.9	37.1	37.8	40.1
兴山	275.6	38.7	39.5	36.5	29.2	23.6	16.7	18.6	19.8	27.4	32.9	35.7	40.9	40.9
秭归	295.5	38.9	37.5	35.4	26.6	24.1	14.5	16.1	18.5	26.1	34.5	36.5	37.6	38.9
太阳包	1000.7	32.5	30.6	28.4	20.3	19.9	11.9	14.1	15.1	21.0	27.9	30.4	30.5	32.5

在海拔300 m以下，高温日数(日最高气温大于或等于35 ℃的日数)随海拔高度没有明显的变化，各地高温日数的差异主要由地形地貌差异所致；海拔300 m以上，高温日数急剧减少，如神农架年高温日数仅为3 d，太阳包则没有高温天气出现(表1.4)。

表1.4　2005年7月—2006年6月观测到的高温日数

站点	海拔/m	高温日数/d							
		4月	5月	6月	7月	8月	9月	10月	年度
宜都	71.6	0	1	6	15	5	3	0	30
宜昌	133.1	0	0	5	14	5	2	0	26
乐天溪	139.9	0	3	11	16	5	1	0	36
长阳	140.6	0	1	6	12	5	2	0	26
枫箱沟	185.3	1	1	12	15	5	1	0	35
苏家坳	195.0	1	2	13	18	9	5	2	50
坛子岭	206.6	0	1	7	15	5	3	0	31
兴山	275.6	0	2	13	19	9	6	0	49
秭归	295.5	0	1	5	15	5	1	0	27
神农架	937.2	0	0	2	1	0	0	0	3
太阳包	1000.7	0	0	0	0	0	0	0	0

日最低气温一般出现于清晨前后。2005年7月—2006年6月三峡坝区11站各月平均最低气温见表1.2。三峡坝区海拔300 m以下，最冷月平均最低气温为1.9～3.7 ℃，由于冷湖效应，在200 m以下最冷月存在一逆温层，即随着高度升高平均最

低气温增高；最热月平均最低气温为 24.3～25.7 ℃；春季 4 月为 12.2～14.7 ℃，秋季 10 月为 13.7～15.5 ℃，年平均最低气温为 12.9～14.6 ℃。三峡坝区的太阳包海拔 1000 m，最冷月平均最低气温为－1.6 ℃，最热月为 20.6 ℃，春季 4 月为 10.9 ℃，秋季 10 月为 10.5 ℃，年平均最低气温仅为 10.0 ℃。

受地形的作用，三峡坝区海拔 300 m 以下，冬季相对温暖，平均最低气温一般大于或等于 2.0 ℃，因此极少出现冰雪、霜冻。但山区日落后由于地面长波辐射冷却，使坡面冷空气下沉，因此，山区河谷地带极端最低气温相对较低。

极端最低气温是某段时间内所观测到的最低温度值，它反映的是一地最低气温的最大强度。全年极端最低气温一般出现于冬季 12 月到 1 月。三峡水库蓄水至 139 m 高程后，从 2005 年 7 月—2006 年 6 月三峡坝区的各月极端最低气温可以看出：年极端最低气温除风箱沟出现在 12 月、苏家坳出现在 2 月外，其余各站均出现在 1 月份。冬季（12—次年 2 月）三峡库区极端最低气温基本都在 0 ℃以下，最热月（7 月）极端最低气温为 15～22 ℃，春季（4 月）极端最低气温为－1.9～7.0 ℃，秋季极端最低气温比春季的高，为 1.9～10.4 ℃（表 1.5）。

表 1.5　2005 年 7 月—2006 年 6 月各测站极端最低气温

站名	海拔/m	极端最低气温/℃												
		2005 年						2006 年						最低值
		7 月	8 月	9 月	10 月	11 月	12 月	1 月	2 月	3 月	4 月	5 月	6 月	
宜都	71.6	21.6	16.4	16.7	9.4	6.5	－1.9	－2.7	－1.6	－1.1	6.2	11.1	18.7	－2.7
宜昌	133.1	22.1	17.2	17.8	10.1	6.3	－1.3	－2.4	－1.3	0.3	6.3	11.6	19.0	－2.4
乐天溪	139.9	21.5	17.2	17.3	8.6	5.2	－1.7	－2.0	－0.6	0.1	6.2	13.4	18.1	－2.0
长阳	140.6	21.6	17.0	16.9	9.0	5.2	－2.2	－2.4	－1.0	0.2	6.6	11.8	18.4	－2.4
枫箱沟	185.3	21.8	17.1	17.2	9.5	6.2	－1.4	－0.9	－0.2	0.7	6.3	13.4	18.8	－1.4
苏家坳	195.0	22.0	17.2	17.9	10.4	6.8	0.1	0.1	－0.7	1.0	7.0	13.9	19.3	－0.7
坛子岭	206.6	21.6	16.9	17.4	9.5	6.0	－1.0	－1.1	－0.9	0.3	6.1	13.2	18.5	－1.1
兴山	275.6	21.3	16.7	16.1	7.5	4.1	－3.6	－3.8	－0.5	－0.6	5.2	11.7	17.8	－3.8
秭归	295.5	21.1	16.4	16.7	9.0	5.4	－1.8	－2.1	－1.5	－0.4	6.0	13.0	18.1	－2.1
太阳包	1000.7	15.8	12.8	11.1	1.9	－2.3	－6.6	－9.4	－6.5	－3.9	0.5	6.6	13.3	－9.4

在观测年度中（2005 年 7 月—2006 年 6 月），库区部分测站出现了 1957 年以来历史同期罕见的低温。如 2005 年 8 月 21—22 日，宜都（16.4 ℃，16.5 ℃）、长阳（17.0 ℃）、秭归（16.4 ℃，17.1 ℃）分别出现建站以来 8 月份气温最低值和次低值，2005 年 8 月 20 日秭归还出现了近 50 年 8 月的第三最小值（20.0 ℃），2005 年 8 月 21—22 日，乐天溪出现 1992 年以来 8 月份的最小值（17.2 ℃）和第三最小值（17.7 ℃）。

图 1.8 给出了海拔约 139.9 m（乐天溪）、295.5 m（秭归）、937.2 m（神农架）三个

高度 1 月(冬季)、4 月(春季)、7 月(夏季)、10 月(秋季)气温日变化曲线，三个站气温日变化趋势基本同位相。最低气温冬季出现在 07—08 时，春、夏、秋三季出现在 06—07 时，比冬季提早 1 个小时左右。最高气温夏季出现在 14 时左右，其他季节出现在 15 时左右；随着海拔高度增加，气温日较差减小。由表 1.6 可见，海拔 139.9 m，295.5 m，937.2 m 高度上，1 月气温日较差分别为 7.2 ℃，6.2 ℃，5.2 ℃，7 月气温日较差分别为 9.5 ℃，9.1 ℃，6.3 ℃；相同海拔高度上，春季气温日较差最大，夏季次之，秋季第三，冬季最小。

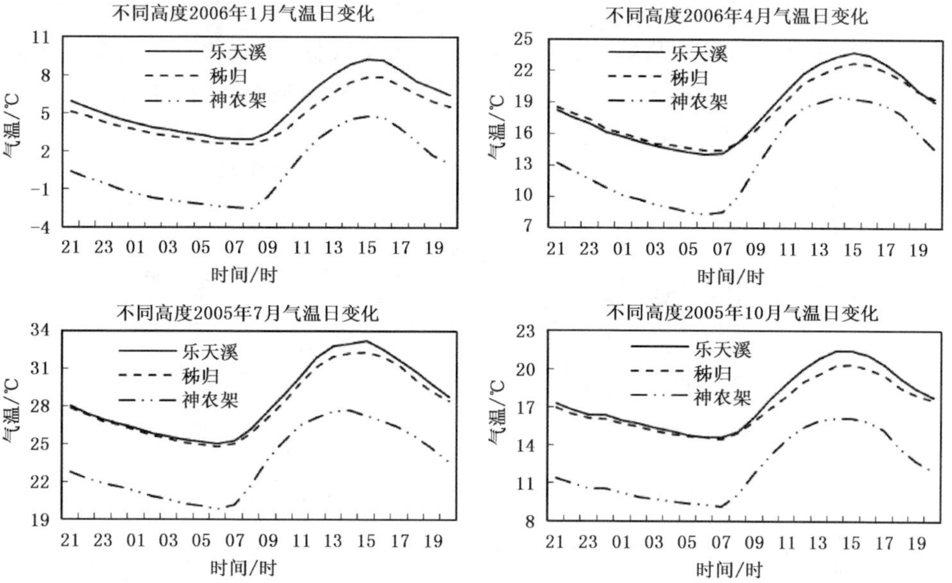

图 1.8　不同海拔高度四季气温日变化

表 1.6　不同高度四季气温日较差（单位:℃）

站名	海拔高度/m	1 月(冬季)			4 月(春季)		
		日最高气温	日最低气温	气温日较差	日最高气温	日最低气温	气温日较差
乐天溪	139.9	9.8	2.6	7.2	25.5	13.4	12.1
秭归	295.5	8.5	2.3	6.2	24.5	13.6	10.9
太阳包	1000.6	3.6	−1.6	5.2	18.8	10.9	7.9
站名	海拔高度/m	7 月(夏季)			10 月(秋季)		
		日最高气温	日最低气温	气温日较差	日最高气温	日最低气温	气温日较差
乐天溪	139.9	34.3	24.8	9.5	22.4	14.3	8.1
秭归	295.5	33.5	24.4	9.1	21.3	14.1	7.2
太阳包	1000.6	26.9	20.6	6.3	15.7	10.5	5.2

在山区，气温随着海拔高度上升而降低（或增高），一般以高度增加 100 m 气温降低的度数作为气温递减率。从统计的地面年平均气温递减率结果来看，年平均最高气温递减率最大，为 0.63 ℃/100m；年平均气温递减率次之，为 0.53 ℃/100m；年平均最低气温递减率最小，为 0.44 ℃/100m。从各代表月的地面气温随高度变化（图 1.9 和表 1.7）可以看出：各月气温递减率与年气温递减率有相同的变化规律，即最高气温递减率最大，平均气温次之，最低气温最小；平均最高气温递减率年内变化幅度最大（0.42～0.79 ℃/100m），平均气温次之（0.40～0.70 ℃/100m），最低气温最小（0.38～0.59 ℃/100m）；从气温递减率年变化看，三峡坝区地面气温随高度变化的递减率有明显的年变化特征，即夏季最高、冬季较低、秋季比春季略高；具体到月时间尺度上，平均气温递减率 3 月最低、8 月最大，平均最高气温递减率 2 月最小、7—9 月较大，最低气温递减率 1 月最小、7—9 月较大。

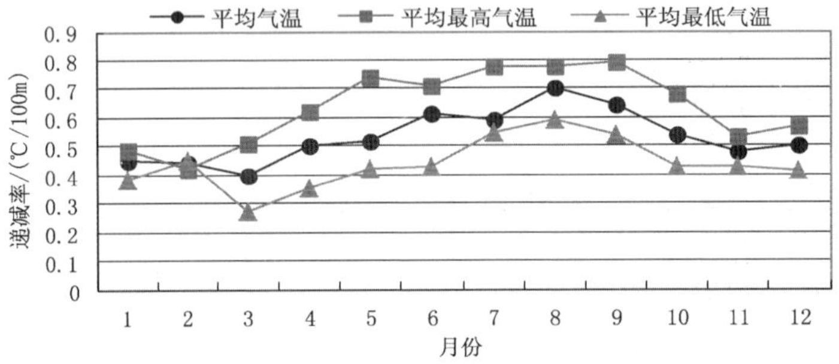

图 1.9 2005 年 7 月—2006 年 6 月三峡坝区地面气温递减率

表 1.7 2005 年 7 月—2006 年 6 月三峡坝区地面气温随高度增加递减率(单位:℃/100m)

	2005 年						2006 年					
	7 月	8 月	9 月	10 月	11 月	12 月	1 月	2 月	3 月	4 月	5 月	6 月
平均气温	0.45	0.44	0.4	0.5	0.52	0.61	0.59	0.7	0.64	0.54	0.48	0.5
平均最高	0.49	0.42	0.51	0.62	0.74	0.71	0.78	0.78	0.79	0.68	0.53	0.57
平均最低	0.38	0.45	0.27	0.35	0.42	0.43	0.55	0.59	0.54	0.43	0.43	0.41

根据观测站所在的地理位置，可将测站分为长江南北两个剖面，其中长江以南的宜都（71.6 m）、乐天溪（139.9 m）、长阳（140.6 m）、枫箱沟（185.3 m）、茅坪（295.5 m）、太阳包（1000.7 m）共 6 个站为北剖面；长江以北的宜昌（133.1 m）、苏家坳（195.0 m）、坛子岭（206.6 m）、兴山（275.6 m）、神农架（937.2 m）5 个站为南剖面。为剔除海拔高度的影响，暂不考虑海拔较高的神农架和太阳包及宜都 3 个站，计算海拔 300 m 以下平均海拔高度基本一样的情况下南剖面和北剖面 1 月、4 月、7 月、10 月及年平均气温的平均值，并进行了比较（表 1.8）。可以看出，尽管南剖面平均海拔

略比北剖面的高，但南剖面平均气温、平均最高气温、平均最低气温均高于北剖面，平均最高气温差值高于平均最低气温，春季和夏季差值大于冬季和秋季。

表 1.8　2005 年 7 月—2006 年 6 月不同观测剖面地面气温差异

		海拔/m	地面气温/℃				
			1 月	4 月	7 月	10 月	年平均
平均气温	北剖面	190.3	5.3	18.3	28.4	17.4	17.2
	南剖面	202.6	5.6	18.6	28.8	17.8	17.6
	差值	12.3	0.3	0.3	0.4	0.4	0.4
平均最高气温	北剖面	190.3	9.1	24.9	33.9	21.9	22.3
	南剖面	202.6	9.6	25.5	34.5	22.3	22.9
	差值	12.3	0.5	0.6	0.6	0.4	0.6
平均最低气温	北剖面	190.3	2.6	13.7	24.8	14.4	13.7
	南剖面	202.6	2.9	13.8	25.0	14.7	13.9
	差值	12.3	0.3	0.1	0.2	0.3	0.2

1.4　三峡坝区气温的垂直分布

利用 2005—2006 年长江北岸宜昌市乐天溪的大气边界层雷达探空资料，对三峡坝区低空边界层的温度的垂直分布特征进行分析。此次雷达探空观测时段为库区蓄水后的 4 个代表月，即 2005 年 7 月、10 月和 2006 年 1 月、4 月，每日观测 2 次，观测时间为 08 时和 20 时。此外，在各代表月还增加 1～2 d 的间隔时间 3 h 的加密观测，以便于揭示边界层温度的日变化特征。

为了便于比较和分析，在资料处理上首先将各代表月同一时次的温度资料利用拉格朗日差值方法内插到 2，20，40，…，2000 m 高度的固定层面上，然后计算出各月各层面的算术平均值来表示某月某时次温度的垂直分布状况。各月 08 时、20 时温度随高度的变化见图 1.10 和图 1.11。

从地面至 2000 m 高度的边界层范围内的温度分布特征如下：

(1)边界层气温和地面气温一样也明显地遵循年变化和日变化的演变规律，即 1 月温度最低，7 月最高，10 月温度略高于 4 月温度；无论何月，该地区地面 20 时的温度普遍高于 08 时，其中 4 月偏高最大，达 5.7 ℃左右，1 月和 10 月分别偏高 3.7 ℃和 3.5 ℃，7 月偏高幅度 4.2 ℃。

(2)各代表月 08 时和 20 时的温度垂直递减率(γ)表明(表 1.9)，无论何月，20 时的温度平均垂直递减率均明显大于 08 时，特别是 4 月份，20 时的递减率为 08 时的 2

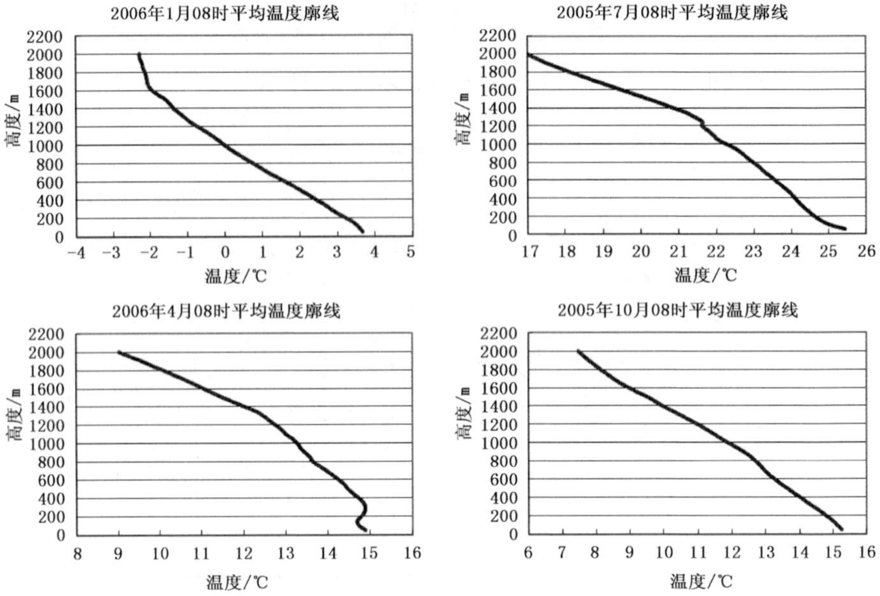

图 1.10 各代表月 08 时平均温度垂直分布廓线图

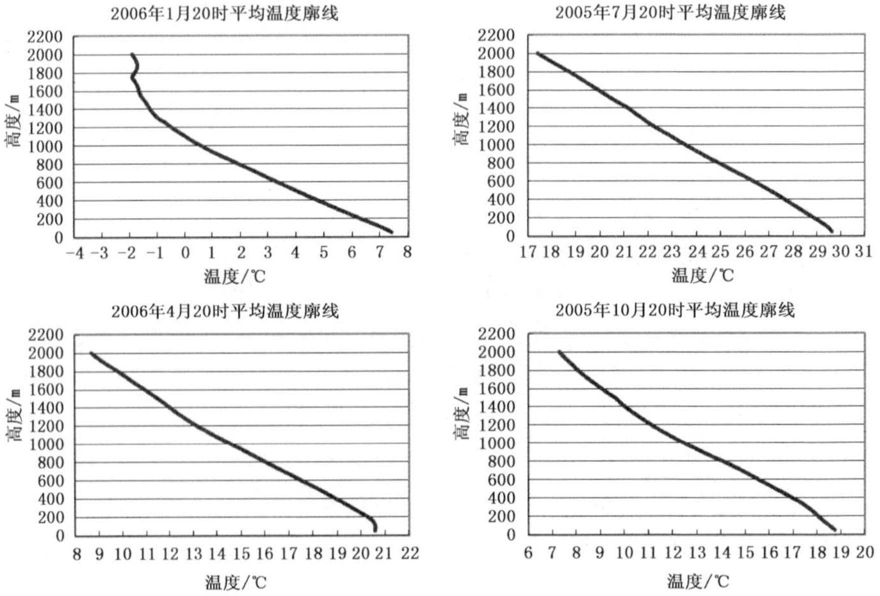

图 1.11 各代表月 20 时平均温度垂直分布廓线图

倍，这说明春季月份三峡坝区白天近地层增温明显，地面和 2000 m 高空的气温相差悬殊。

(3)各代表月 08 时和 20 时平均温度垂直分布廓线的走向具有一定的差异。20 时的温度廓线除 4 月在 160～300 m 存在一个较薄的逆温层外，其他高度和月份均遵循随着高度的升高温度下降的变化规律。

表 1.9　各月 08 时和 20 时不同高度气温与气温垂直递减率

月份	时次	地面气温/℃	2000 m 高度气温/℃	气温垂直递减率(γ)/(℃/100m)
7	08	25.44	16.99	0.433
	20	29.61	17.39	0.627
10	08	15.27	7.47	0.400
	20	18.76	7.29	0.588
1	08	3.67	−2.30	0.306
	20	7.46	−1.91	0.478
4	08	14.89	9.01	0.302
	20	20.58	8.70	0.609

利用乐天溪边界层雷达探空系统测得的加密观测资料来分析本区地面至 2000 m 高空范围内气温的日变化特征。

冬季(1 月)

在 2006 年 1 月上旬末和中旬末进行的 2 次加密观测(图 1.12)表明，在冬季月份，两次观测的地面最低气温均出现在 08 时左右，最高气温都出现在 17 时左右，而且都在 17 时上空形成一暖舌。

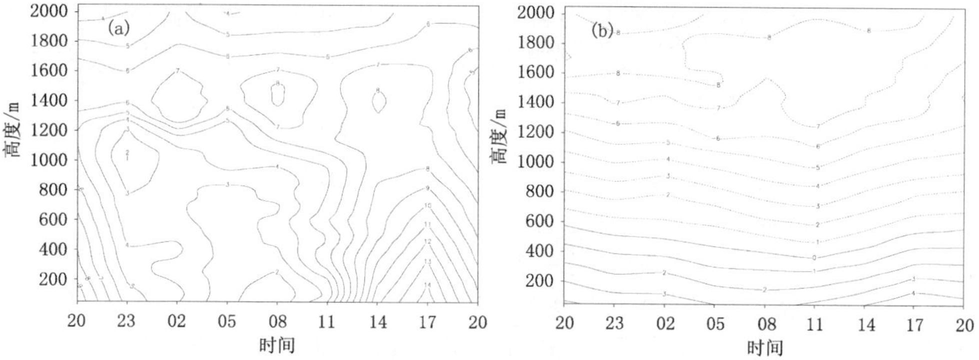

图 1.12　乐天溪 2006 年 1 月 9 日 20 时—10 日 20 时(a)和 1 月 19 日 20 时—20 日 20 时(b)气温垂直剖面图(单位：℃)

春季(4 月)

2006 年 4 月进行了 2 次加密观测，由于中旬末观测受冷空气过境影响，全天处于降温状态，不具有代表性，故将其去掉，仅分析上旬末的观测资料(图 1.13)。4 月份整个边界层的最低气温基本出现在 05—08 时，23—次日 08 时由 1500 m 向地面伸出一冷舌；最高气温出现在 14 时左右，其时从地面向上出现一暖舌，一直伸展到 900 m 的高空。

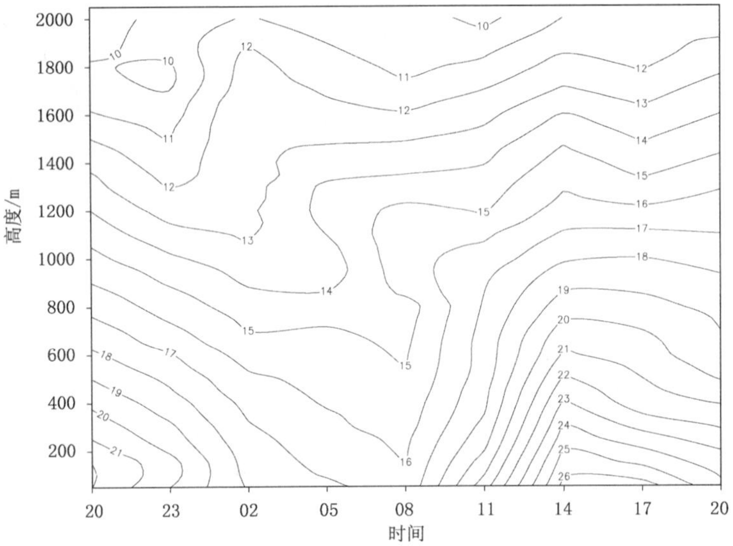

图 1.13 乐天溪 2006 年 4 月 9 日 20 时—10 日 20 时气温垂直剖面图(单位：℃)

夏季(7 月)

2005 年 7 月有两次加密观测(图 1.14)。同 1 月份相似，7 月最高气温也出现在 17 时左右，都是以地面为热源，向上空伸展热力强盛的暖舌，温度随高度上升而下降。最低气温出现在 05—08 时，该时段的气温虽然大体上随高度上升而下降，但下降幅度远不如最高气温出现的时段。

秋季(10 月)

2005 年 10 月有两次加密观测(图 1.15)，最高气温均出现在 17 时左右，其时从地面向上 1300 m 伸有暖舌，温度随高度升高而降低。最低温度出现在 07—08 时。从图中看出，本月地面的增温或降温影响高度在 1300～1400 m 高度。

气温随高度增加而升高的气层叫逆温层，从大气稳定度的判别标准可知，当大气层结处于稳定状态时，气层中不一定有逆温出现，而逆温层的大气结构肯定是稳定的。逆温是加剧空气污染的主要气象条件，了解某地低空(指离地 1000 m 以下)逆温层的气候特征，对于指示该地区空气污染的变化规律，制定环境容量的控制标准以

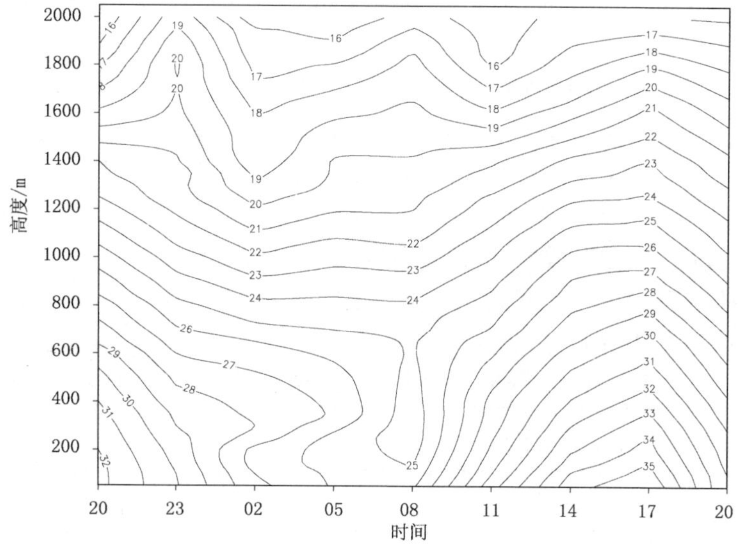

图 1.14　乐天溪 2005 年 7 月 19 日 20 时—7 月 20 日 20 时气温垂直剖面图(单位:℃)

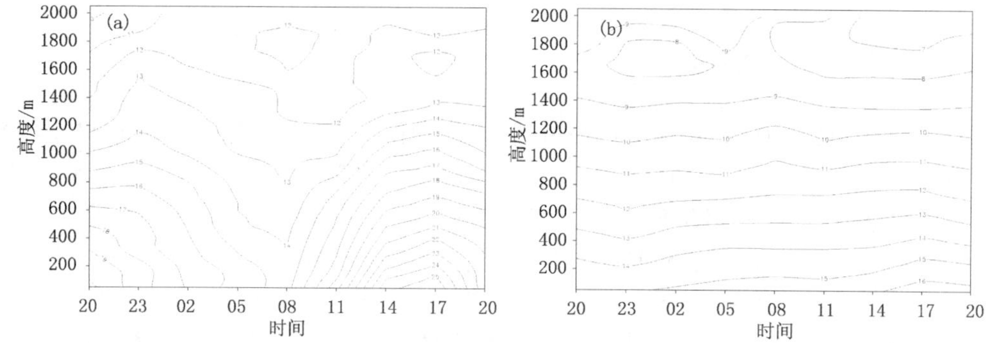

图 1.15　乐天溪 2005 年 10 月 9 日 19 时—10 日 19 时(a)和 10 月 19 日 19 时—20 日 19 时(b)气温垂直剖面图(单位:℃)

及超高烟囱的设计等都有广泛的实用价值。

在每一次探空记录中,凡是温度随高度上升≥0.5 ℃/100m 的气层作为逆温层计算,若某一探空曲线中出现 1 段或 1 段以上的逆温层,则以厚度最大的逆温层计算其逆温强度。逆温强度指高度每升高 100 m 气温的递减率,以 ΔT/100 m 来表示。

在每天 08 时和 20 时的探空资料中,至少出现一次逆温过程便算一个逆温日,各月逆温日数与实际观测日数的百分比称为该月逆温层的出现频率,统计结果显示:蓄水后三峡坝区全年各代表月逆温出现频率为 60.16%,各代表月中逆温出现频率以 4 月为最高,达 80.00%,其中 08 时出现频率为 63.33%,其次为 7 月,逆温出现频率为

70.97%,1月和10月份逆温日出现频率相差不大,1月略低,为41.94%,10月为48.39%。

各代表月08时和20时出现逆温日数统计结果表明,08时出现逆温的日数(68 d)明显多于20时的日数(26 d),说明该地区的逆温主要以辐射逆温为主。

从表1.10来看,各月08时和20时的逆温强度具有如下特征:①4月08时最大,1月20时最小。②各月份08时的逆温强度均超过20时。③08时和20时的各月逆温强度均以4月份为最大,从逆温强度的变化范围来看,08时以4月为最大,下面依次为7月、4月,10月最小;20时的逆温强度变化范围次序以4月为最大,7月其次,10月再次,1月最小。

表1.10 各月08时和20时逆温强度(单位:℃/100m)

	7月		10月		1月		4月	
	平均值	范围	平均值	范围	平均值	范围	平均值	范围
08时	0.67	0.2～2.8	0.66	0.2～1.2	0.77	0.2～1.4	1.23	0.2～3.4
20时	0.58	0.2～1.2	0.54	0.2～1.0	0.2	0.2～1.2	0.88	0.2～2.0

1.5 三峡库区降水

库区年降水量为1000～1300 mm,多年平均降水量主要是东南部和西北部较多,东北部和西南部相对较少,呈一条西北—东南向的鞍形分布格局(图1.16)。降水量最多的湖北鹤峰县多年平均值达1684 mm,而东北部最少的湖北兴山县多年平均降水量只有997 mm。三峡库区长江干流各站年降水量从地区分布来看,自奉节向西各站降水偏多,由巫山向东至秭归降水偏少,至宜昌起又开始增多,大体上形成库区年降水量自西向东呈多—少—多的分布格局。

三峡库区受季风活动的影响,具有冬干夏雨的季风气候特点,降水量随季节变化明显,主要集中在仲春到仲秋时段。夏季是全年降水最多的季节,库区自西向东季降水量呈现少—多—少—多的两少两多相间分布格局。夏季降水量占全年降水量的比例最高,为39.6%～47.3%(表1.11),而且又多集中在几次暴雨天气过程中,暴雨日在库区每年平均在2～4次。统计分析表明,多年平均的夏半年降水量分布与多年平均的年降水量分布基本一致,说明库区年降水量分布形势主要是由夏半年决定的。

冬季(12月—次年2月)库区受大陆气团控制,是全年降水量最少的季节,降水量地域分布呈两头多,中间略偏少的态势。各地常冬年季降水量为38～70 mm,约为全年降水量的5%。春季(3—5月)是冬、夏季风的过渡时期,降水量较冬季明显增加,除重庆外,库区各地季降水量有自东向西增加的分布特点。夏季降水量为272～

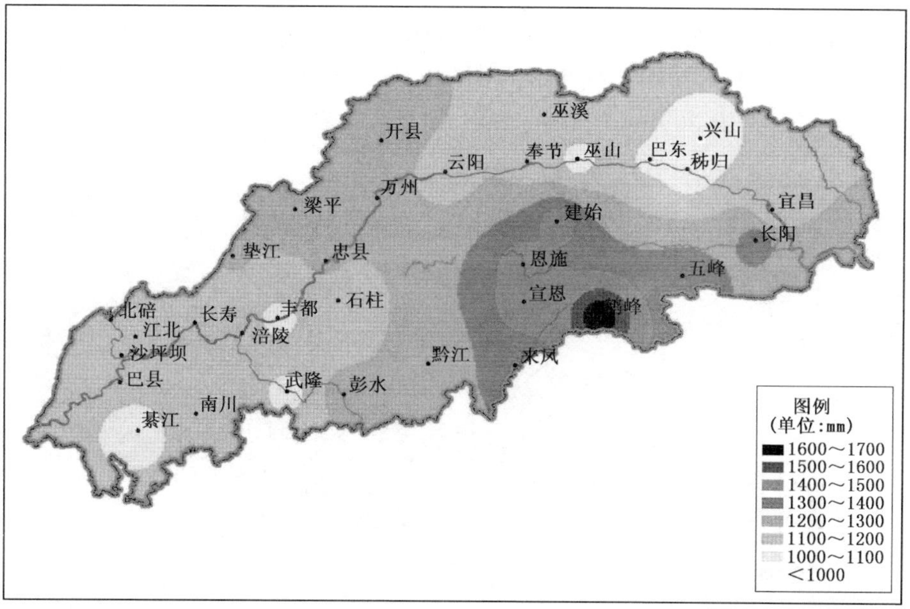

图 1.16　三峡库区年降水量分布图(1971—2000 年平均)(附彩图 1.16)

表 1.11　三峡库区各站夏季降水量值

站点	夏季降水量 /mm	夏季降水占全年比/%	站点	夏季降水量 /mm	夏季降水占全年比/%
开县	558.6	43.8	长阳	623.1	46.3
云阳	522.0	46.3	北碚	499.0	44.0
巫溪	515.5	46.5	渝北	484.6	42.0
奉节	492.1	42.8	沙坪坝	481.0	43.5
巫山	470.5	44.5	巴南	477.2	43.1
巴东	484.7	44.7	南川	502.9	43.3
秭归	452.6	43.8	长寿	478.4	40.5
兴山	448.4	45.0	涪陵	459.7	40.6
垫江	518.6	42.8	丰都	418.5	39.6
梁平	570.2	44.1	武隆	457.9	43.0
万州	557.6	45.3	黔江	528.8	44.0
忠县	514.6	42.3	彭水	552.4	44.2
石柱	465.1	42.0	宣恩	647.6	43.6
建始	699.5	47.7	鹤峰	797.3	47.3
恩施	656.6	44.6	来凤	617.3	44.9
五峰	621.6	45.0	綦江	463.1	44.5
宜昌	538.2	47.3			

339 mm,各地夏季降水量占年降水量的 39.6%～47.7%不等,且有自东向西所占比例增加的特点(表 1.11)。秋季(9—11 月)库区降水量较夏季有明显减少,库区自西向东季降水量呈现少—多—少的分布特点。奉节秋季降水量最多,为 307 mm,万州、忠县次之,分别为 305 mm 和 304 mm,其余各站秋季降水量为 255～288 mm(图 1.17)。

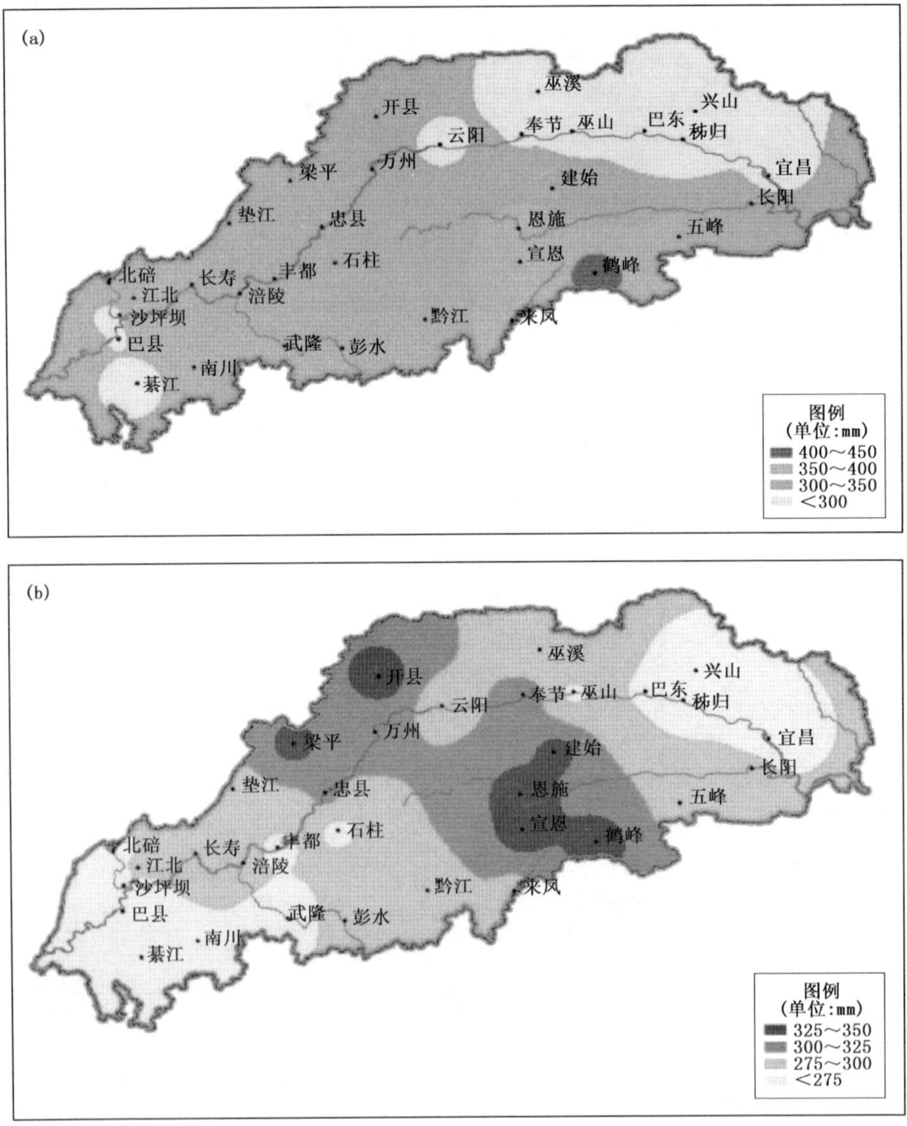

图 1.17 三峡库区春季(a)和秋季(b)降水量分布图(1971—2000 年平均)(附彩图 1.17)

库区月降水量的时间分布表现为单峰型变化曲线，峰值出现在7月份，1，2，3，11，12月各月降水量均不足50 mm，4—10月各月降水量皆大于100 mm，是库区降水的主要时段，5—9月份常有暴雨出现，10月多连阴雨。

总体而言，三峡库区雨量比较丰沛，年降水量的平均相对变率为9.3%，表明库区降水量相对稳定。从1961—2013年的50 a变化来看，库区年降水量没有明显的变化趋势，但呈现明显的年代际变化，特别是自2003年以来降水减少趋势显现，2006年三峡库区发生夏季特大高温伏旱，降水量显著较常年偏少(图1.18)。根据平均相对变率的统计，三峡库区各季降水量的年际变化，在四季中，冬季最大，夏季最小。历年各季降水量最大值与最小值的量值之差，以夏季为最大，冬季最小。

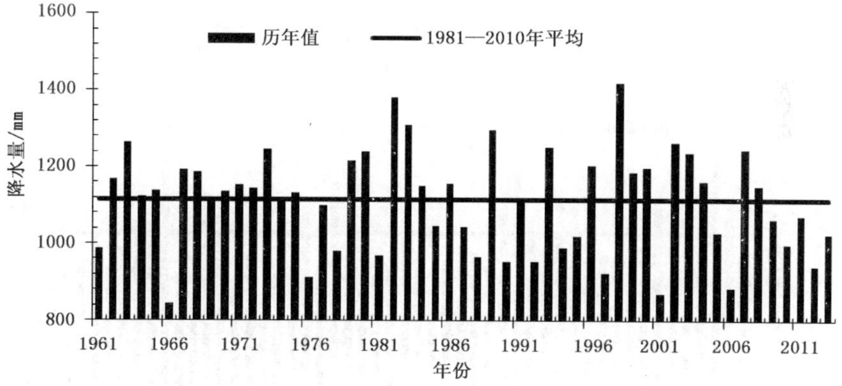

图1.18　1961—2013年三峡库区平均年降水量

冬季库区常年降水量为56.9 mm，历年季降水量的最小值为32.1 mm(1968年)，最大值为127.9 mm(1993年)，最大值是最小值的4倍左右。自20世纪80年代后期以后，库区冬季降水的年际变率增大。春季库区常年降水量为300.2 mm，平均相对变率为16.2%。从变化趋势来看，总体上春季降水量有微弱的减少趋势。库区夏季降水量阶段性变化明显，20世纪60年代至70年代为少雨时段；70年代后期至80年代前期，处于多时段，80年代后期至今，夏季降水量接近常年同期，但年际间变率增大。秋季库区常年降水量为279.5 mm，平均相对变率为19.5%，秋季降水量有减少的变化趋势(图1.19～1.22)。

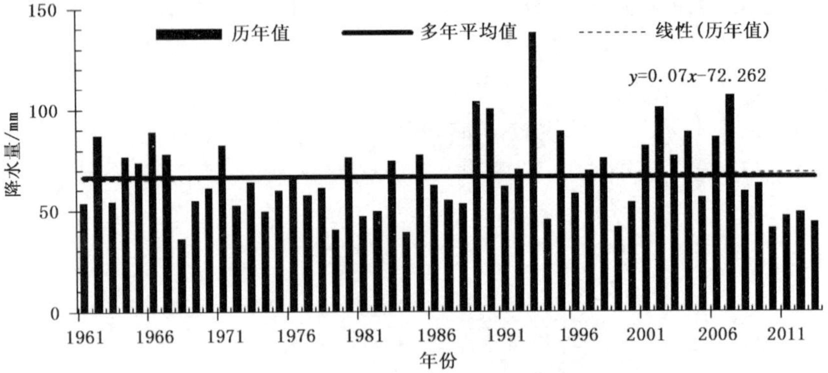

图 1.19　1961—2013 年三峡库区冬季平均降水量

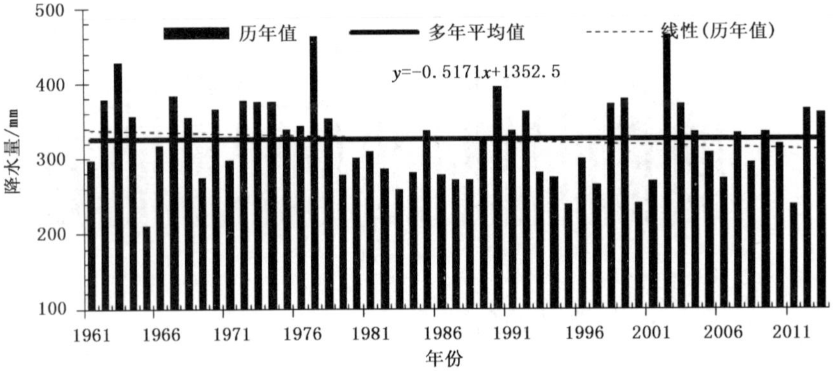

图 1.20　1961—2013 年三峡库区春季平均降水量

图 1.21　1961—2013 年三峡库区夏季平均降水量

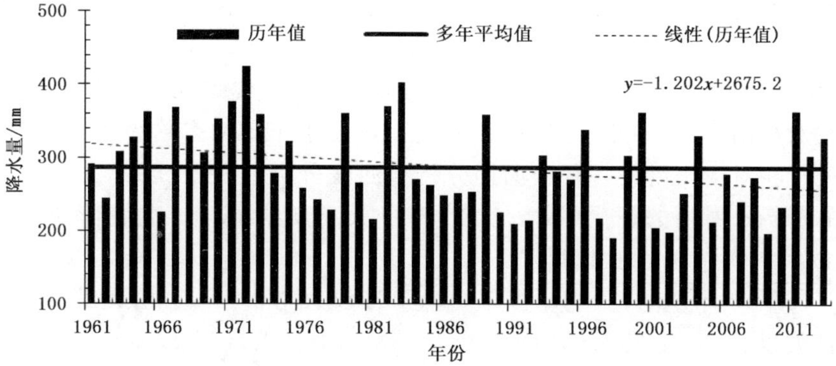

图 1.22　1961—2013 年三峡库区秋季平均降水量

1.6　三峡库区降水日数

根据气象上日降雨量≥0.1 mm 为一个降水日数(雨日)的规定,三峡库区降水日数较多,三峡库区平均年降水日数为 145.4 d,历年最大值为 166.6 d(1964 年),最小值为 125.2 d(2006 年)。各地降水日数为 130～170 d,几乎是 2～3 d 一场雨,其地域分布与年降水量的分布类同,由西向东大致是多—少—多的分布格局,自万州以西各站年降水日数偏多,均在 140 d 以上,长寿最多,为 177 d;奉节向东各站偏少,均不足 140 d,巫山最少,为 128 d,至宜昌又多至 135 d。从整体变化趋势来看,三峡库区年降水日数有微弱的减少趋势。

在气象上各种气象要素无论时间变化或空间变化均存在着各种尺度的波动现象,年际变化就是一种表现最为显著的周期性波动现象。采用功率谱对长江水库沿岸各站(沙坪坝、长寿、涪陵、丰都、忠县、万州、云阳、奉节、巫山、巴东、宜昌)平均年降水量进行周期分析,发现库区年降水除了存在明显的准两年周期振荡外,功率谱的第二峰值出现在 5 a 周期附近,表明库区降水还有 5 a 的变化准周期。为了进一步研究库区降水的阶段性和周期变化规律,又对降水资料序列进行了小波变换分析。小波变换具有傅氏变换的特征,是傅氏分析方法的突破性进展,特别是应用到均值突变的检测中,获得了一系列有意义的结论,成为气象资料结果分析的一个有力工具。通过小波变换,可以得到库区降水变化特征表现出 2 个不同尺度的周期为主:2～3 a 的周期,这个周期的波动在 20 世纪 60—70 年代中期以及 80 年代至今表现明显;4～5 a 的周期,其波动的大值区出现在 20 世纪 60—70 年代和 20 世纪 90 年代后期至今。通过分析可以发现,功率谱分析和小波分析均表明,长江三峡库区年降水量的周期变化基本存在准 2 a 和准 5 a 的振荡特征。

根据功率谱分析和小波分析得到的库区降水周期变化特征，进一步采用低通滤波，去除 5 a 以下的高频变化，发现三峡库区降水有较明显的阶段性振荡特征，20 世纪 60 年代末至 70 年代中期及 80 年代中前期库区降水偏多，80 年代后期至 90 年代前期为相对少雨期，90 年代后期至 21 世纪前期降水出现增多趋势，2004 年以后三峡库区又处于相对少雨阶段。综合周期分析和滤波分析，目前三峡库区正处于一个比较明显的准 5 a 周期的振荡中，20 世纪 90 年代后期至 21 世纪前期库区降水偏多，2004 年以后三峡库区处于少雨阶段。

1961—2013 年期间，三峡库区年均暴雨日数为 3.3 d，暴雨强度为 72.9 mm/d。年暴雨日数以 1998 年最多(6 d)，2001 年最少(1.3 d)（图 1.23）。年暴雨强度以 1982 年最高(88.4 mm)，1973 年最低(64.8 mm)。53 a 间，三峡库区有 3 a 暴雨日数少于 2 d，有 9 a 暴雨日数多于 4 d；有 13 a 暴雨强度低于 70 mm，有 2 a 高于 80 mm。从变化趋势来看，暴雨日数存在增多的变化趋势，暴雨强度存在减小的变化趋势，但经检验，趋势变化均不显著。

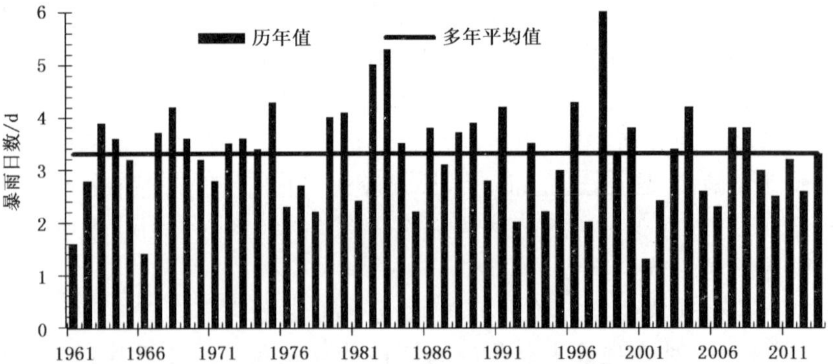

图 1.23 三峡库区暴雨日数历年变化

1961 年以来，三峡库区除 2 月和 12 月外，其他各月均出现过暴雨天气，但主要出现在汛期(5—9 月)，占年暴雨日数的 92.2%。夏季(6—8 月)三峡库区主要受高层的南亚高压、中层中高纬度环流与冷空气以及西太平洋副热带高压、低层热带季风涌及其输送的暖湿气流等环流系统的共同影响，是暴雨最为集中的时段，三个月平均暴雨次数分别约为 0.68，0.88 和 0.6 d，其暴雨发生的频数远高于其他季节，占到全年的 65.1%。冬季西风带主要受高原地形影响出现南北两支气流，两支气流都比较干，难以形成发生发展暴雨的特殊环流条件，12 月、2 月没有出现过暴雨天气，1 月三峡库区 53 a 来只有五峰站在 1967 年 1 月 27 日出现 56.6 mm 的暴雨天气，也是三峡库区历年出现最早的暴雨天气。在 3 月和 11 月，53 a 分别共出现 13 d 和 29 d 暴雨。

1.7　三峡坝区降水量

三峡坝区年降水量丰沛，2005 年 7 月至 2006 年 6 月多数测站年度降水量在 900～1200 mm。除苏家坳、乐天溪、枫箱沟三站外，其余 8 个测站年降水量最大在宜昌，为 1205.0 mm，最小值在长阳，为 976.3 mm。2005 年 7 月至 2006 年 6 月坝区降水量主要集中在 5—8 月，在此期间各测站的降水量分别占其年降水量的 60%以上，且海拔越高，此时段降水量占年度降水量的百分比越大；11 月—次年 1 月降水量少，期间降水量除宜都占年降水量的 7%外，其余测站均不足 5%。季节分布情况是夏季最多，冬季最少，春季比秋季降水量略多。

三峡坝区属于季风气候区，冬半年常处于来自北方的干冷气团控制之下，气层稳定，不利于降水天气系统的生成和发展，所以降水甚少；而夏半年，来自热带的暖湿气流强盛，在长江流域一带冷暖气流交汇，易诱发降水天气系统的生成和发展，导致降水量的急骤增加。从月际变化来看，年内降水呈单峰型分布(图 1.24)。造成降水的这种分布特点的直接原因仍是季风。从 1 月开始，各站的月降水量开始逐渐增多，7 月和 8 月降水量达到全年最大值，由于受副热带高压控制，9 月降水量陡然减少，10 月夏季风减弱，多数测站月降水量比 9 月份略有增多，之后出现逐月降水量减少的变化趋势。

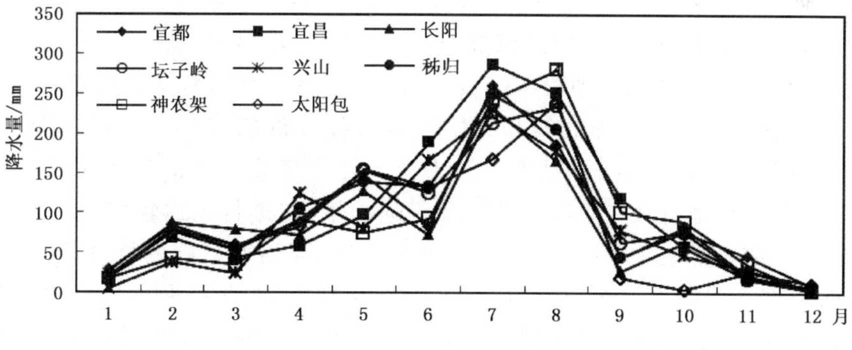

图 1.24　2005 年 7 月—2006 年 6 月三峡坝区降水量年变化曲线

一般而言，一定高度范围内，降水量随海拔高度升高而增加。但由于降水的形成比较复杂，除受海拔影响外，主要还受大气环流、局地地形等因素的影响。从表 1.12

可以看出，本年度年降水量随高度变化特征不明显。各季代表月：1 月降水量随海拔高度变化特征不明显；4 月除宜都外，7 月除宜都、宜昌、太阳包外，10 月除太阳包外，其余测站基本呈现出随高度增高月降水量增多的变化趋势。

表 1.12　2005 年 7 月—2006 年 6 月三峡坝区不同海拔高度站点各月及年降水量

站名	海拔/m	降水量/mm											
		2005 年						2006 年					
		7 月	8 月	9 月	10 月	11 月	12 月	1 月	2 月	3 月	4 月	5 月	6 月
宜都	71.6	260.6	186.5	44.4	75.9	45.6	7.6	27.8	84.1	58.2	87.5	147.1	82.8
宜昌	133.1	286.9	250.9	117.7	57.0	16.8	2.8	17.9	67.6	43.1	57.9	97.4	189
乐天溪	139.9	229.8	266.2	86.7	63.7	12.3	5.4	15.5	58.0	41.7	77.2	0.0	62.5
长阳	140.6	233.5	165.5	26.9	62.6	21.9	3.4	26.3	87.0	78.7	71.6	127.1	71.8
枫箱沟	185.3	244.1	242.7	54.6	78.8	21.8	5.4	—	74.4	58.7	74.3	91.6	103.6
苏家坳	195.0	—	213.2	51.8	68.6	13.6	6.3	16.6	68.0	52.6	89.5	133.4	114.6
坛子岭	206.6	213.4	234.9	62.7	75.8	16.6	7.0	18.6	75.6	54.4	91.5	153.1	124.7
兴山	275.6	227.7	177.2	77.8	46.9	28.4	1.9	3.8	37.0	23.3	124.0	80.2	165.6
秭归	295.5	249.7	205.6	44.2	81.4	20.2	7.1	20.1	75.7	53.0	105.0	138.7	133.1
神农架	937.2	243.8	280.8	101.2	88.8	35.1	1.5	16.8	41.9	34.1	90.5	74.4	92.9
太阳包	1000.7	167.7	240.1	18.3	3.5	26.6	10.5	19.7	78.9	58.0	82.1	154.3	132.2

注：表格中“—”为缺测。

将坝区的 11 个测站以长江为分隔分为两个剖面，其中长江以南的宜都(71.6 m)、乐天溪(139.9 m)、长阳(140.6 m)、枫箱沟(185.3 m)、茅坪(295.5 m)、太阳包(1000.7 m) 6 个站为南剖面，长江以北宜昌(133.1 m)、苏家坳(195.0 m)、坛子岭(206.6 m)、兴山(275.6 m)、神农架(937.2 m) 5 个站为北剖面。为剔除海拔高度的影响，暂不考虑海拔较高的神农架和太阳包及海拔较低的宜都 3 个站，故在此分析南、北剖面对降水量的影响时，也将它们去掉。计算海拔 300 m 以下平均海拔高度基本一样的情况下南剖面和北剖面各月及年降水量，并进行了比较(见表 1.13)。南剖面随着高度的增加年降水量增加，北剖面则相反，即随着高度的增加降水量减小；南、北剖面平均海拔的大致相同的情况下，全年及夏半年，北剖面平均降水量比南剖面的多，尤其是 5 月份和 9 月份偏多明显，但冬半年南剖面降水量比北剖面略多。2005 年 7 月至 2006 年 6 月降水量的剖面差异与一般降水随高度变化相反。出现这一现象的原因有待于后续进行更加深入的研究。

表1.13 2005年7月—2006年6月三峡坝区降水量的剖面差异

剖面	站名	海拔/m	降水量/mm											
			2005年						2006年					
			7月	8月	9月	10月	11月	12月	1月	2月	3月	4月	5月	6月
南剖面	长阳	140.6	233.5	165.5	26.9	62.6	21.9	3.4	26.3	87.0	78.7	71.6	127.1	71.8
	枫箱沟	185.3	244.1	242.7	54.6	78.8	21.8	5.4	0.0	74.4	58.7	74.3	91.6	103.6
	秭归	295.5	249.7	205.6	44.2	81.4	20.2	7.1	20.1	75.7	53.0	105.0	138.7	133.1
	平均	207.1	242.4	204.6	41.9	74.3	21.3	5.3	15.5	79.0	63.5	83.6	119.1	102.8
北剖面	宜昌	133.1	286.9	250.9	117.7	57.0	16.8	2.8	17.9	67.6	43.1	57.9	97.4	189.0
	坛子岭	206.6	213.4	234.9	62.7	75.8	16.6	7.0	18.6	75.6	54.4	91.5	153.1	124.7
	兴山	275.6	227.7	177.2	77.8	46.9	28.4	1.9	3.8	37.0	23.3	124.0	80.2	165.6
	平均	205.1	242.7	221.0	86.1	59.9	20.6	3.9	13.4	60.1	40.3	91.1	110.2	159.8
差值		2.0	−0.2	−16.4	−44.2	14.4	0.7	1.4	2.0	19.0	23.2	−7.5	8.9	−56.9

全年的降水日数中，以小雨的天气日数为主，占总降水日数的75%左右，随着降水强度的增加，降水日数逐步减少。全年平均暴雨日数3 d左右，主要分布在4—10月，集中出现在6—8月。24 h最大降水量是表示降水强度的指标之一。从表1.14中可以看出，三峡坝区2005年7月至2006年6月24 h最大降水量为143.7 mm，出现在枫箱沟。除苏家坳7月份降水缺测外，其余各测站年度内24 h最大降水量均出现在2005年7月，且最大降水量除宜都、兴山分别为87.0和74.0 mm外，其余各站

表1.14 2005年7月—2006年6月不同海拔高度站点24 h最大降水量

站名	海拔/m	24 h最大降水量/mm											
		2005年						2006年					
		7月	8月	9月	10月	11月	12月	1月	2月	3月	4月	5月	6月
宜都	71.6	87.0	51.7	22.3	24.0	16.2	7.6	10.6	15.1	35.7	44.3	36.8	24.0
宜昌	133.1	132.5	59.4	90.1	25.1	6.8	2.8	8.2	12.9	21.1	11.7	31.1	105.1
乐天溪	139.9	137.0	59.2	43.8	31.4	4.7	5.2	8.7	10.0	20.1	15.9	—	45.5
长阳	140.6	111.0	48.8	8.4	25.4	10.7	2.9	9.5	17.3	44.4	23.0	35.9	21.4
枫箱沟	185.3	143.7	65.3	24.2	37.5	8.0	4.7	—	13.0	30.0	19.2	31.2	39.9
苏家坳	195.0	—	47.8	20.7	34.7	4.3	5.4	8.9	12.9	25.4	20.2	44.0	58.4
坛子岭	206.6	140.7	51.5	22.5	37.3	5.5	6.3	10.0	12.5	26.8	20.5	47.7	57.4
兴山	275.6	74.0	32.5	66.3	13.3	8.1	1.8	1.8	10.6	15.9	42.3	27.9	50.0
秭归	295.5	135.4	35.8	11.0	37.5	7.3	5.2	10.3	13.7	25.5	33.7	39.0	75.0
太阳包	1000.7	129.7	86.9	11.4	1.6	9.7	5.9	7.5	18.7	26.6	19.9	42.2	44.7

注：表格中“—”为缺测。

均出现了大暴雨。由于短时局地强降水与地形地貌、下垫面状况和局地小尺度天气系统等因素有关，在三峡坝区，24 h 最大降水量与高度的关系不是简单的线性关系。另外，统计结果显示，24 h 最大降水强度北剖面的比南剖面的大。

1.8 三峡库区风

库区年平均风速为 1.2 m/s，是全国的小风区之一。库区各站年平均风速普遍偏小，一般为 0.5～2.0 m/s，但整个库区地形地貌复杂，海拔高度相差悬殊，风速的局地变化明显。

库区年平均风速的分布自西向东呈大小值相间的状态。库区四季风速的地理分布与年平均风速的分布特征基本一致，自西向东呈大小值相间的状态，其中江北、奉节、巴东等地为平均风速偏大的地区，年及各季平均风速在 1.5 m/s 以上；涪陵、万州、巫山等地为平均风速偏小地区，年及各季平均风速在 1.0 m/s 以下。库区月平均风速年内变化基本呈双峰型分布(图 1.25)，第一峰值出现在 3 月，第二峰值出现在 8 月，6 月份出现相对谷值，年内平均风速的变化幅度较小。

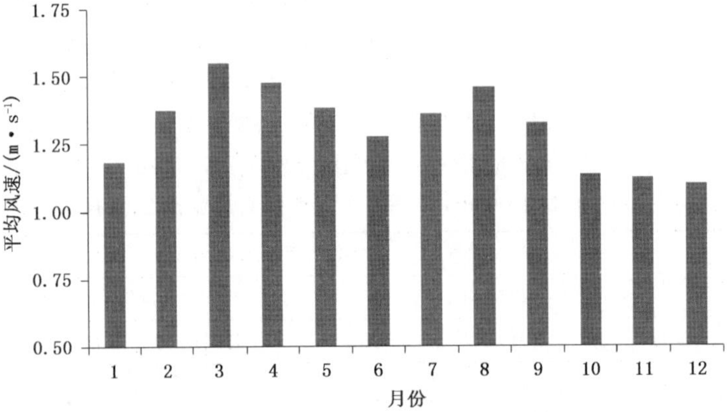

图 1.25 三峡库区各月平均风速(1981—2010 年平均)

近 50 a 来三峡库区年平均风速有减小的趋势，且阶段性变化特点相当明显(图 1.26)。20 世纪 60—80 年代初，三峡库区年平均风速较大，之后风速明显减小(图 1.26)。三峡库区四个季节平均风速历年变化趋势与年平均风速基本一致，均有减小的趋势，且在 20 世纪 80 年代初期以前平均风速较大，之后相对较小。

三峡库区年平均最大风速的地理分布与平均风速基本一致。受地形影响，最大风速值一般为 10～20 m/s，但也出现过大于 30 m/s 的大风(33.3 m/s，万州，1973 年 8 月)。库区各站最大风速的最大值一般出现在夏季，春季次之，秋、冬季较小。年平

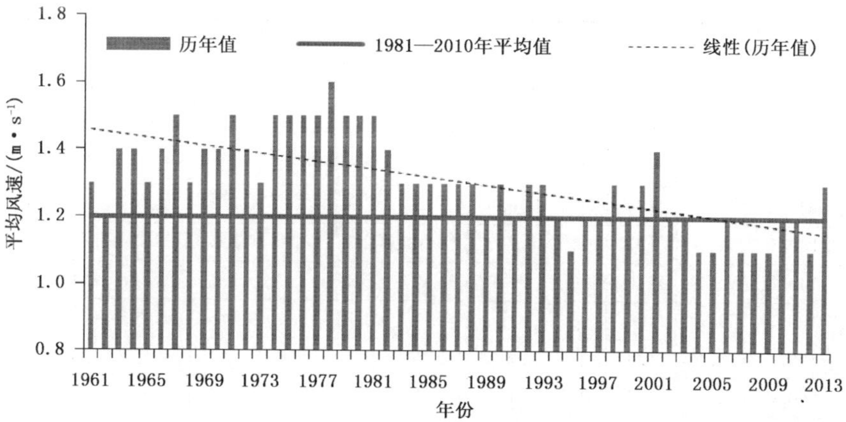

图 1.26　三峡库区平均风速历年变化

均最大风速的历年变化趋势与年平均风速类似，20 世纪 60—70 年代年平均最大风速值较大，80—90 年代最大风速值较小，90 年代后期以来有稍微增大的趋势。

三峡库区各地年大风日数较少。其地理分布特点与平均风速相似，万州最少，年大风日数为 19 d；奉节最多，为 42 d。其余大部分站点为 30～40 d。大风日数的年内变化与平均风速相似，一般也呈双峰型分布，峰值出现在 4 月、5 月和 8 月，春夏多，秋冬少。

1.9　三峡坝区地面风

地面风向和风速不仅受气压场分布的支配，而且在很大程度上受地形和地势的制约。因此，本节以三峡水库 2005 年 7 月至 2006 年 6 月坝区 11 站的地面风资料，分析三峡坝区地面风的变化特征。

如表 1.15 所示，三峡坝区地面平均风速的年变化规律不如气温明显。风速的大小受地形影响较大。坝区地面平均风速的变化特点为：

（1）三峡坝区全年平均风速很小，年平均风速只有 0.9～2.3 m/s；各月平均风速相差不大，但相比而言，3—4 月平均风速略大，为 1.5 m/s，8—11 月及 1 月平均风速较小，为 1.1～1.2 m/s。

（2）地面年平均风速随高度的总体变化趋势为从 100～300 m 变化不大，但一定高度以上，海拔高度增加，平均风速增加。如太阳包（1000.7 m）的平均风速要明显大于 300 m 以下测点平均风速。

（3）三峡坝区除乐天溪和苏家坳两站风速略偏大外，其余测站平均风速差异不大。

表 1.15 2005 年 7 月—2006 年 6 月年三峡坝区不同海拔高度站点平均风速

站名	海拔/m	平均风速/(m・s⁻¹)											
		2005 年						2006 年					
		7 月	8 月	9 月	10 月	11 月	12 月	1 月	2 月	3 月	4 月	5 月	6 月
宜都	71.6	1.5	1.2	1.3	1.0	0.8	0.8	0.9	1.0	1.0	0.9	0.9	0.9
宜昌	133.1	1.3	1.1	1.2	0.9	0.7	0.9	1.3	1.2	1.5	1.5	1.5	1.4
乐天溪	139.9	1.3	1.1	1.1	1.3	1.4	1.5	1.4	1.6	1.3	1.4	1.7	1.4
长阳	140.6	1.3	1.0	1.1	1.0	1.0	1.2	1.2	1.1	1.3	1.4	1.3	1.1
枫箱沟	185.3	1.3	1.1	0.9	1.0	1.0	1.4	1.5	1.5	1.2	1.2	1.3	1.3
苏家坳	195.0	1.6	1.4	1.3	1.3	1.0	1.4	1.3	1.4	1.2	1.5	1.6	1.5
坛子岭	206.6	1.4	1.1	1.0	1.0	0.8	1.0	0.9	1.2	1.1	1.7	1.5	1.5
兴山	275.6	1.0	0.9	0.8	0.7	0.5	0.7	1.0	0.9	0.9	1.0	1.0	1.0
秭归	295.5	1.3	0.9	0.8	0.7	0.7	0.9	0.7	0.9	0.9	1.4	1.2	1.5
神农架	937.2	0.9	0.8	1.5	1.5	1.7	2.0	1.8	2.0	1.8	2.0	1.9	1.8
太阳包	1000.7	2.7	2.3	2.2	2.2	2.0	2.1	1.7	2.3	2.4	2.7	2.7	2.4

通过计算各代表月(冬季 1 月、春季 4 月、夏季 7 月、秋季 10 月)的不同站点每天 24 个时次地面平均风速的演变实况来探讨不同季节地面平均风速的日变化规律。

冬季三峡坝区的风速日变化有 3 个特点(图 1.27):①不同海拔高度的日最大风速均集中在 14—18 时,但日最小风速出现时间较分散且维持时间较长,出现在 00 时至 05 时;②海拔较高的风速日变化幅度总体上大于海拔较低的测站,如神农架的日平均风速大于 1.0 m/s,风速日变化幅度可达 2.0 m/s,均明显大于其他各站的平均风速和日变化幅度;③各时次风速随海拔高度的演变基本上都呈现先降后升的特点,最小风速出现在 200～300 m 高度。

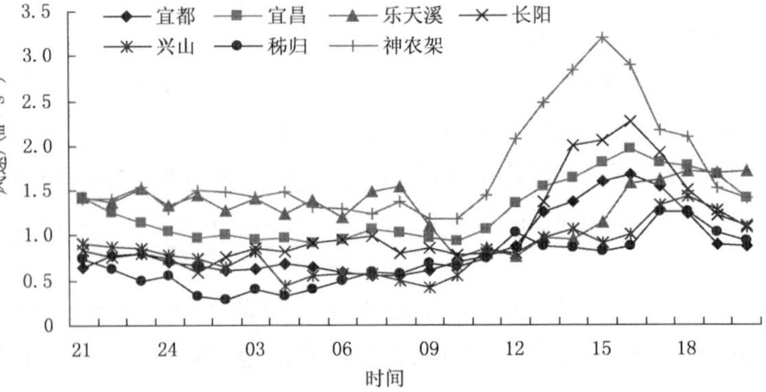

图 1.27 三峡坝区 2006 年 1 月各站地面平均风速的日变化

图 1.28 是坝区 4 月各站地面平均风速的日变化曲线，总体来说日平均风速及日变化幅度大于 1 月份的平均风速，其特征具体表现为：①日最大风速出现时间为 12—18 时，日最小风速的时间主要出现在日出前后，但夜间风速值大小变化不明显；②各高度日变化幅度为 1.1～3.6 m/s，无论是日最大、最小风速还是日变幅，都明显超过 1 月份；③本月风速日变幅随海拔高度的增加呈现先升后降的特点，除神农架站外日变幅最大出现在 140.6 m 高度的长阳站，为 1.9 m/s；④各时次平均风速随海拔高度的变化，最小风速 18 时至次日 04 时都出现在海拔最低的宜都站，其他时间均出现在兴山站，除神农架站外 08—17 时最大风速出现在 133.1 m 高度，其他时间出现在 140.6 m 高度。

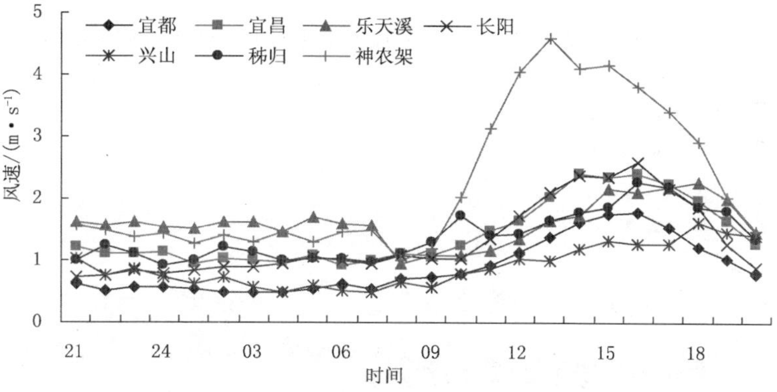

图 1.28　三峡坝区 2006 年 4 月各站地面平均风速的日变化

夏季大多数测站的日平均风速日变化与其他季节相比更有规律性，与其他季节相比日变化幅度增大且表现为规律性的单峰单谷型的日变化（图 1.29）。其特征为：①除神农架站外，日最大风速出现时间较为集中，多在 15—17 时，日最小风速则大多在 05—06 时出现；②除神农架站外本月不同海拔高度之间风速日变幅的差异比 1 月、4 月都大，为 1.2～2.1 m/s，居全年之首；③神农架站表现出与其他各站相反的季节变化。本月中，海拔高度为 937 m 的神农架无论是日平均风速及日变化幅度均小于其他季节，为全年最小。因神农架山区地形复杂，其独特的地理环境形成了神农架山区特有的立体小气候，表现为气候不稳定，气候变化也较平原地区无常，何以夏季风速减小、季节变化与周边地区相反还有待进一步的探讨。

秋季风速的日变化与春季相似，其特点：①各海拔高度日最大风速主要出现在 15 时左右，日最小风速出现的时段较分散；②日变化幅度为 0.9～2.3 m/s，比春、夏季小，与冬季相当，不同海拔高度之间日变幅的差异较小；③各时次风速随海拔高度的变化大体上为先升后降再升，最小风速为海拔 200 多 m 的秭归、兴山站（图 1.30）。

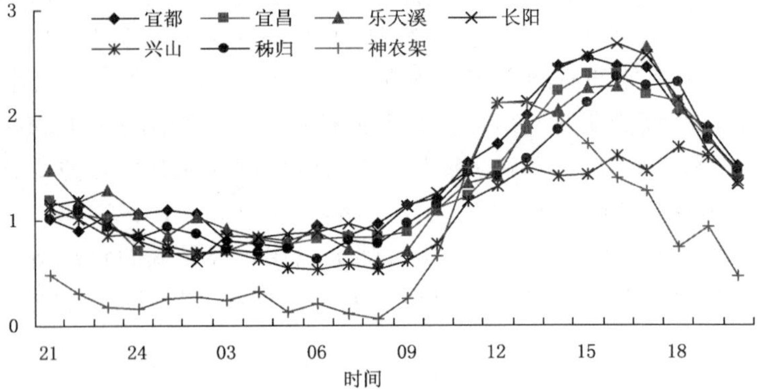

图 1.29 三峡坝区 2005 年 7 月各站地面平均风速的日变化

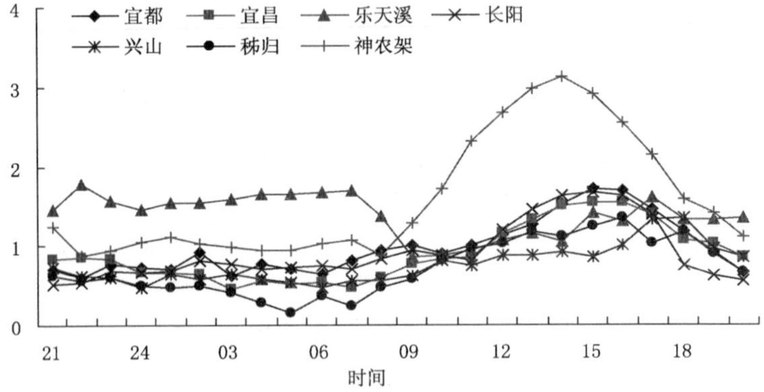

图 1.30 三峡坝区 2005 年 10 月各站地面平均风速的日变化

图 1.31 是三峡坝区 11 个代表站 2005 年 6 月至 2006 年 7 月间统计的 12 个月风向频率玫瑰图(共分 16 个方位)。坝区地面风向频率的变化特征为：

(1)部分站点由于所处地形闭塞，静风频率较大。如，秭归站统计时段(12 个月)的静风频率为 31%，兴山站为 25%，宜都站为 20%。以冬季静风频率最高，春季最少。但也有特例，如神农架站，静风频率最高为 2005 年的 7 月、8 月和 9 月，分别为 68%，69%和 23%，其他季节静风频率不大于 10%。

(2)去除静风频率后，各站东北偏东、西北偏北和东南风出现最多。其中宜都站全年多数时间盛吹偏东风，夏季的风向较为分散但以偏西北风为主；宜昌站受河谷地形影响，全年以东南风为主，年平均风速 1.4 m/s。东南偏南方向上平均风速最大，其次是东南、东北和南三个方向，偏西方向上平均风速较小；乐天溪、神农架站的主导风向为东南和西北偏北，其中 5—8 月主要以东南风为主，其他季节以偏东北风为主；

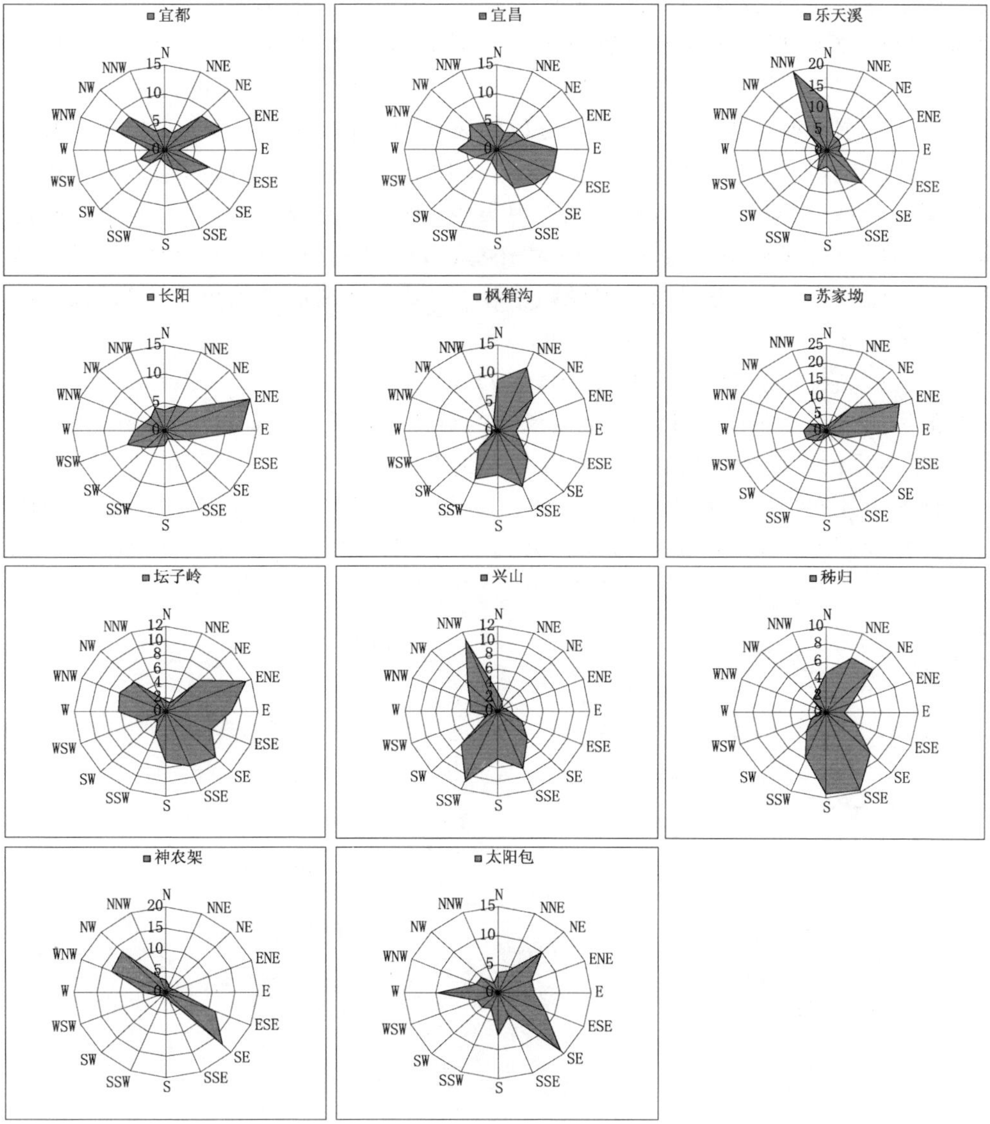

图 1.31　各站风向频率玫瑰图

长阳站、苏家坳站，风向较为单一，常年盛吹偏东风；枫箱沟则春、夏季盛行东北偏北风，秋季盛行偏西南风，冬季盛行偏东南风；坛子岭是三峡坝区工地制高点，风向较分散但主要以偏东或偏东南风为主；太阳包 7—10 月盛行东北风，其他其他季节盛行东南风。

(3)各站年最小频率风向，宜都为西南偏南、东和南 3 个方位；宜昌为西南偏南和西南两个方位；乐天溪集中在西北偏西～西南 4 个方位；长阳附近东南偏南方位频率的风向出现较少；枫箱沟西北偏西和西北方位风向的出现频率仅为 0.58%，其次西南偏西和西方位的风向也较少，分别为 0.83%和 0.99%；苏家坳的最小频率风向主要以东南和东南偏南为主；坛子岭各方位的风向分布相对均匀，但很少出现北和东北偏北方位的风，年频率仅分别为 1.41%和 1.49%；兴山站最小频率风向出现在西北方向；秭归站西北偏西和西方向的风出现很少；神农架海拔较高，其中西南和西南偏南方位的风年出现频率仅为 0.83%；太阳包是 11 个测站中海拔最高的一个测站，除了东南方位外，其他各方向的风出现频率相对平均，出现最少的风方位为西北偏北，占总数的 1.9%。

以宜都、宜昌、乐天溪、长阳、兴山、秭归、神农架 7 站 1 月、4 月、7 月、10 月不同时次的风向记录来分析三峡坝区地面风向的日变化特征（图 1.32）。由图可以看出：

（1）冬季的夜间的风向主要以偏北风和偏东南风为主。

位于山地的测站盛行西北风，08 时左右北风分量减弱，南风分量加强。偏南风可一直持续到 15—16 时，随后逐渐转为偏东风。21 时之后，主导风向逐渐转为偏北

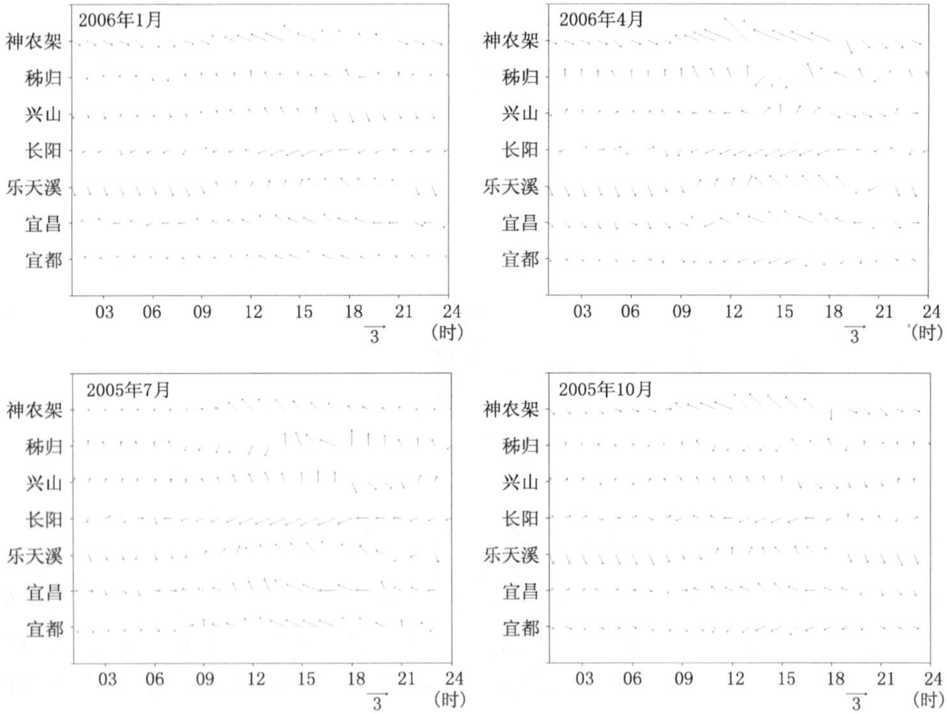

图 1.32 各站各代表月（1 月、4 月、7 月、10 月）各时次主导风向变化

风。表明正午和深夜的风向带有明显的水体向陆地变化的特征，正午时风由江面吹向山坡，深夜时风由山坡吹向江面，这是因为江面和陆地间的热属性差异所造成的。早晚间主导风向变化带有明显的山谷风特征，早晨吹偏西风（出山风），晚上吹偏东风（进山风），该特征可以解释为西临巫山山脉，东临江汉平原，东西向河谷地形的影响所致。

位于长江边上的宜昌和宜都站的风向与山地测站有很大差异。分析表明，这两个测站全天盛行东南风，这主要是由于测站位于山峡河谷地区，风向受地形影响所致。

（2）春季、秋季山地各站风向日变化与冬季相似，但宜昌和宜都站表现出风向的昼夜差异。4月宜都盛行风向转为以偏北风为主，08—20时盛行东北风，21时至次日08时盛行西北风。宜昌08—20时盛行东南风，21时至次日08时盛行西北风。

（3）夏季除了神农架站外，各站各时次的风速均比其他季节明显增大。宜都站全天主导风向的一个显著变化是白天08时至20时盛行风向转为偏东南风，与宜昌站一致。

根据在坝区宜昌市乐天溪站的雷达探空系统实测的风向、风速资料来分析坝区边界层风的垂直分布特征。

将各代表月08时、20时的风速换算到固定层面上后，计算各月各层面的算术平均值 $\bar{V}$，挑出各层面风速的极大值 V_M，极小值 V_m 以分析其特征（图1.33和图1.34）。

在地面至2000 m空中的垂直方向，各月份均显出地面风速变化最大的特征。1月风速的变化范围为1.7～6.5 m/s，地面风速最小，从地面至800 m风速随高度变化不大，800～2000 m，基本上随高度升高风速增大；4月风速的变化范围为1.1～7.6 m/s，除100～1200 m风速变化不大外，其余高度均出现出风速随高度升高而增大的特征，地面风速为最小，2000 m处风速最大；7月风速的变化范围为1.2～8.5 m/s，风速随高度变化特征同4月基本相似；10月风速的变化范围为1.5～5.8 m/s，风速随高度变化特征同1月基本相似，风速最大值在2000 m处，但风速最小值出现在150～200 m。

1月风速的变化范围为1.8～6.7 m/s，风速最小值不在地面，而是出现在800 m高度，在800 m以下，风速变化复杂，从地面至200 m高度风速从3.5 m/s上升至3.8 m/s，200～800 m；风速随高度升高而减小，但800～2000 m，风速随高度升高而增大。4月风速的变化范围为2.7～6.9 m/s，从地面至150 m高度风速急剧增大，至208 m处增大至3.9 m/s，150～500 m，风速随高度递增呈减小变化趋势，500～1200 m，风速随高度变化不大，1200～2000 m风速随高度升高呈缓慢增大趋势；风速最小值在500 m高度，最大值出现在2000 m高度。7月风速的变化范围为2.6～6.1 m/s，

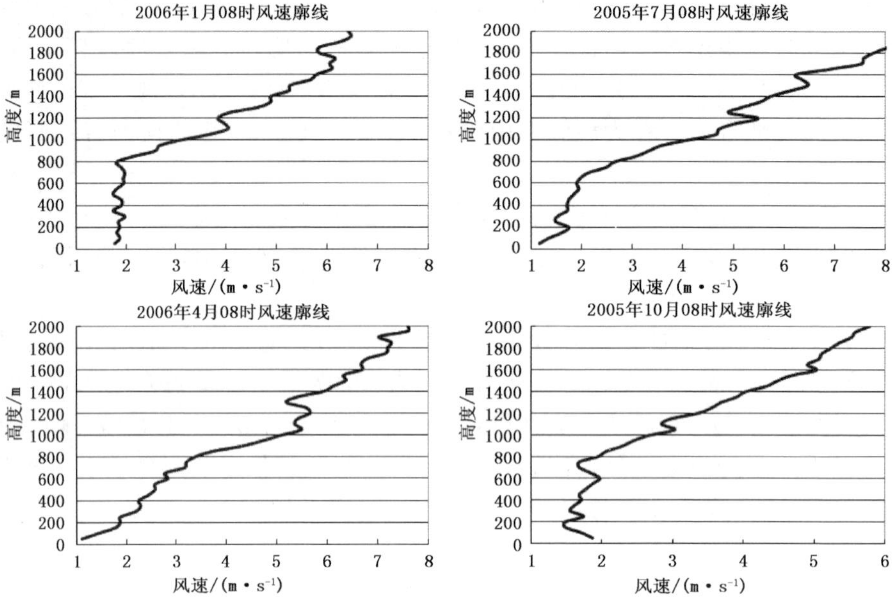

图 1.33 各代表月 08 时平均风速垂直分布廓线图

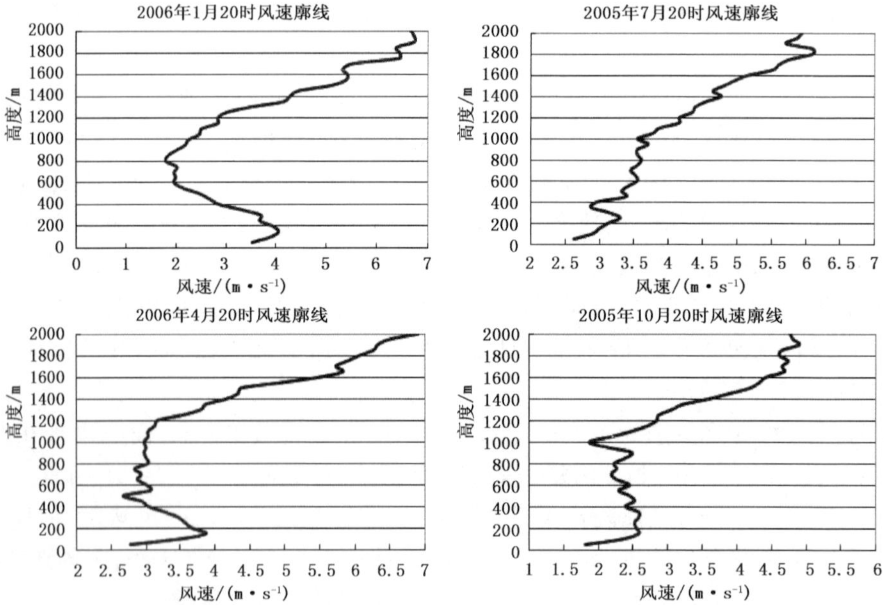

图 1.34 各代表月 20 时平均风速垂直分布廓线图

是四个代表月中风速随高度变化规律性最强的一个月，即风速基本随高度升高而增大，极小值和极大值分别出现在地面和 1800 m 高度。10 月风速的变化范围为 1.8～4.9 m/s，极值两端分别出现在地面和 1900 m 高度，本月除 200～1000 m、1600～2000 m 高度出现风速随高度变化较小外，其余高度均呈现出风速随高度升高而增大的变化趋势。由上分析可知，20 时各月最大风速出现高度较为接近，基本在 1800～2000 m。

各代表月 08 时和 20 时风速的垂直变化趋势在 1000 m 以上比较相似，均为随高度升高风速增大，风速最大值基本出现在 1800～2000 m；另一个共同点除 08 时 10 月和 20 时 1 月外，其余月份最小风速多在地面。从风速量值来讲，1 月、4 月、7 月 20 时的风速略大于同月 07 时的风速，10 月 08 时的地面风速超过同月 20 时的风速；从季节变化来看，各月 08 时和 20 时都以 1 月风速最大，4 月 08 时、10 月 20 时分别为同时次 4 个代表月的最小风速。

各代表月 08 时和 20 时在地面至 2000 m 高度之间 V_M 中的最大值(风速极大值)为 13.00～22.00 m/s，所出现的高度各不相同，其中 08 时各月地面至 2000 m 高度风速最大值出现高度差异较大，1 月、4 月出现在 2000 m，7 月出现在 1100 m，10 月出现在 1900 m；20 时各月地面至 2000 m 高度风速最大值出现高度差异不大，一般出现在 1850～1950 m。而 V_m 中的最小值均为 0 m/s(静风)，且大都出现在地面及贴近地面的层次。

考虑到风向随高度变化的不连续性(切变)，对固定层面风向的确定不宜采用内插法。具体的确定方法为：①从地面到 800 m 上空，每隔 50 m 选一层固定层面，即 hD，h50，h100，…，h800；②hD 的风向以每次探空记录起始值的风向表示，h50，h100，…，h800 的风向以最靠近该层面高度的风向测值表示。

1 月、4 月、10 月各月 08 时不同高度间主导风向比较一致。1 月除 50 m 以下东北偏北方向外，其余各高度主导风向多为东南偏东风；4 月份，150 m 以下主导风向西北偏北方向，150～800 m 基本上盛行西风或西北偏西风向；10 月，100 m 以下盛行北风，其余高度多盛行西北偏西风；7 月各层面的主导风向分散。统计显示：本区除夏季凌晨，低空盛吹西南风外，其余三季在凌晨，低空盛吹西北偏西至东北偏北风。

各代表月 20 时不同高度间盛行风变化要比 08 时的小得多。1 月、4 月 20 时从地面到高层基本上均盛行东南偏东风或东南风；除 7 月 50 m 以下、10 月 150 m 以下主导风向均为东风，这两个月的其余高度上也盛行东南偏东风或东南风。由此可见，本区 20 时 150 m 以上各高度一年四季多为东南偏东风或东南风。

1 月 08 时和 20 时 150 m 以上主导风向均为东南风或东南偏东风；4 月和 10 月 08 时、20 时的各高度盛行风 150 m 以上多。

1.10 三峡库区相对湿度

三峡库区总体来说相对湿度大，特别是库区西段万州至沙坪坝段的年平均相对湿度整体较高，大部分测站的年平均相对湿度80%左右，奉节至秭归段为68%～71%，宜昌所在的东段为75%左右。库区整体东西向呈现两头大，中间小且西高东低的格局（图1.35）。

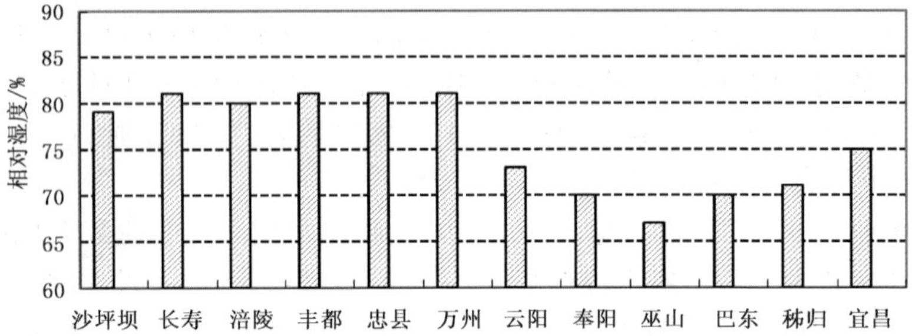

图1.35 三峡库区年平均相对湿度(1981—2010年平均)

冬季，库区各地常年季平均相对湿度为65%～85%。由于冬季是库区季平均相对湿度地域差异最大的季节，各站相对湿度升高或减小的差异较大。春季是库区平均相对湿度最小的季节。从常年平均看，相对湿度为62%～79%，空间分布与冬季相同为库区两头湿度大，库区中段湿度小。夏季，由于库区降水集中在夏季，因此库区的相对湿度地域差异最小。常年季平均相对湿度最小为70%(巫山)，最大为80%(万州)，变幅为10%。秋季，华西秋雨连绵，同时库区温度开始下降，因此秋季库区季平均相对湿度是一年中最大的季节，库区万州以西常年平均相对湿度一般有83%～84%，以东一般有71%～77%。

三峡库区月平均相对湿度年内分布表现为双峰型曲线(图1.36)。第一峰值出现在10月，为79%，第二峰值出现在12月，为78%；最小值为72%，出现在8月份，相对湿度年较差为7%。

三峡库区年平均相对湿度为76.4%。年际变化不大，历年年平均相对湿度最小值与最高值分别为71.9%(2006年)和78.9%(1993年)(图1.37)。就年平均相对湿度历年变化来说，具有阶段性变化的特点，20世纪60年代中期至70年代末，库区年平均相对湿度处于较低阶段，20世纪80年代至2003年平均相对湿度处于较高阶段。近50 a三峡库区年平均相对湿度为明显的下降趋势。

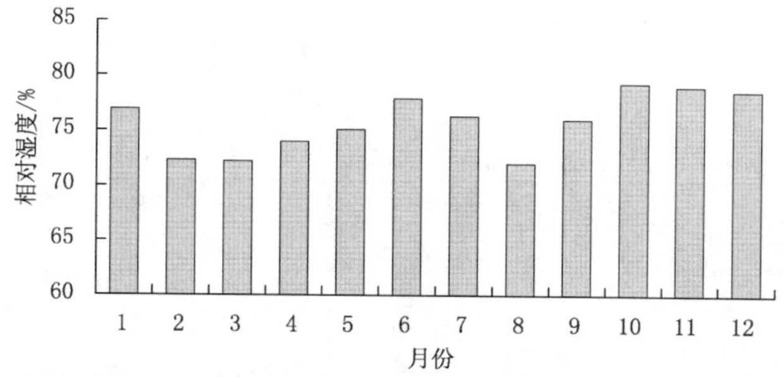

图 1.36　三峡库区平均各月平均相对湿度(1981—2010 年平均)

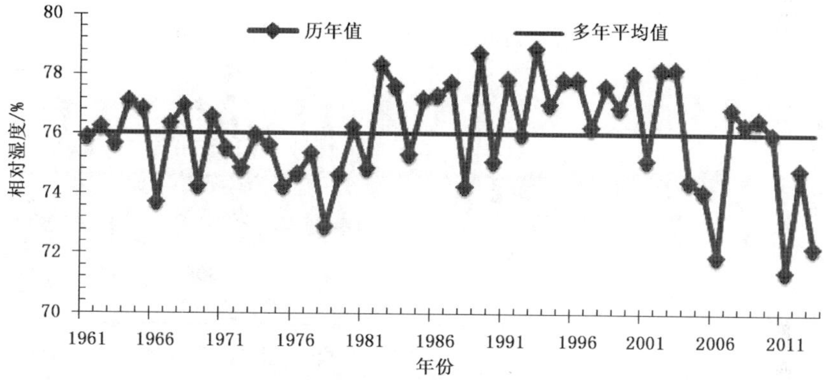

图 1.37　1961—2013 年三峡库区年平均相对湿度

库区相对湿度值偏大的季节为冬季,季节平均相对湿度为 76.2%,历年季平均相对湿度最高值和最低值分别为 71%和 81%(图 1.38)。从 1961 来的历史变化曲线来看,冬季库区相对湿度变化趋势不明显,但具有明显年代际特征,其变化特征与年平均相对湿度变化趋势相同。2011 和 2012 年冬季相对湿度为近 50 多年来最低的两年。

夏季相对湿度为 74.8%。2006 年、2013 年库区夏季均出现了罕见的高温天气,平均相对湿度明显下降,仅为 65%和 67%,是 1961 年以来夏季相对湿度最低的两个年份,1998 年夏季长江流域出现流域性强降水,库区相对湿度也明显增大(图 1.39)。

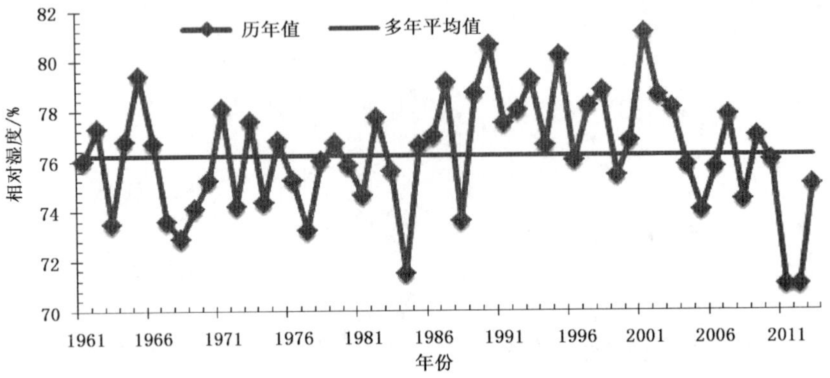

图 1.38 1961—2013 年三峡库区冬季平均相对湿度

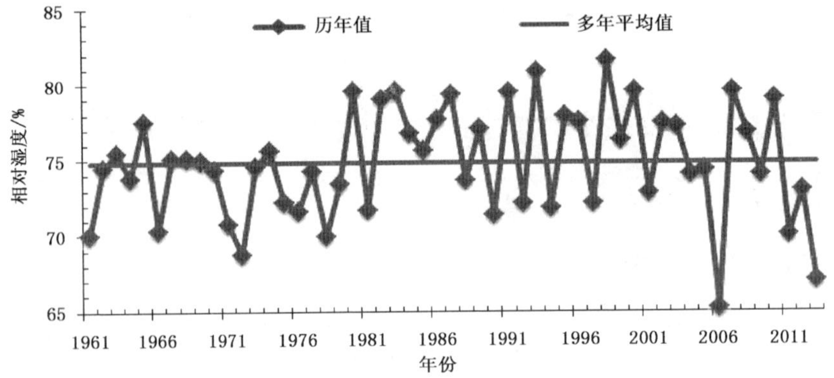

图 1.39 1961—2013 年三峡库区夏季平均相对湿度

1.11 三峡坝区地面相对湿度

2005 年 7 月至 2006 年 6 月三峡坝区不同海拔高度相对湿度 8 月最大，绝大多数测站在 80%以上；12 月最小，为 59%～67%，次小月为 3 月份(表 1.16)。三峡坝区相对湿度的这种分布与降水量、降水日数分布大体一致。

图 1.40 给出了海拔约 71.6 m(宜都)、133.1 m(宜昌)、275.6 m(兴山)三个高度 1 月(冬季)、4 月(春季)、7 月(夏季)、10 月(秋季)相对湿度日变化曲线。从中可以看出：三个站相对湿度日变化基本同位相。最大相对湿度冬季出现在 08—09 时，春、夏、秋三季出现在 06—07 时，比冬季提早 1 h 左右。最小相对湿度夏季出现在 14 时左

表 1.16　2005 年 7 月—2006 年 6 月三峡坝区不同海拔高度站点月相对湿度

站名	海拔/m	相对湿度/%											
		2005 年						2006 年					
		7 月	8 月	9 月	10 月	11 月	12 月	1 月	2 月	3 月	4 月	5 月	6 月
宜都	71.6	74	79	73	73	73	59	74	80	69	73	71	75
宜昌	133.1	78	82	76	77	75	61	75	84	69	72	69	72
乐天溪	139.9	77	83	80	79	76	61	73	78	68	72	70	72
长阳	140.6	77	83	78	80	77	66	78	86	74	72	71	77
枫箱沟	185.3	77	83	80	79	76	61	73	79	69	71	68	72
苏家坳	195.0	74	80	78	76	75	60	71	77	69	70	68	71
坛子岭	206.6	76	82	78	78	75	59	71	78	67	71	71	74
兴山	275.6	72	76	72	75	77	63	68	70	63	70	67	66
秭归	295.5	76	83	78	78	75	61	72	78	66	72	71	75
神农架	937.2	83	87	82	82	75	61	75	75	61	67	68	66
太阳包	1000.7	85	94	88	85	79	67	87	89	72	78	79	84

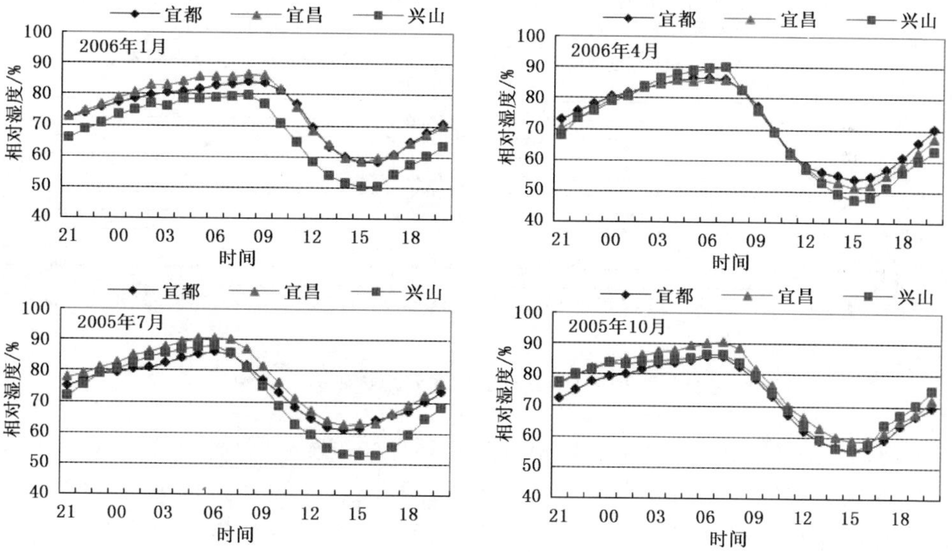

图 1.40　三峡坝区各代表月不同海拔高度地面相对湿度的日变化

右，其他季节出现在 15 时左右，夏季比其他季节偏早 1 h 左右。随着海拔高度增加，相对湿度日变幅增大。71.6 m(宜都)、133.1 m(宜昌)、275.6 m(兴山)1 月相对湿度日变幅分别为26%,28%,30%,4月相对湿度日变幅分别为33%,35%,43%,7月相对湿度日变幅分别为25%,28%,36%,10月相对湿度日变幅分别为30%,32%,31%。相同海拔高度上,春季相对湿度日变幅最大,秋季次之,冬、夏季较小。

将库区蓄水后1月、4月、7月、10月的08时及20时从地面至800 m上空的相对湿度值换算到固定层面上后,然后再算各月各层面的算术平均值,得到不同时段坝区相对湿度的边界层垂直结构。

图1.41是各代表月08时平均相对湿度垂直分布廓线图,各代表月相对湿度基本上随高度增加而递减,其中4月和7月变化趋势非常相似,1400～2000 m的相对湿度对高度减小的递减率大于1400 m以下的递减率;10月份则在1400～1600 m存在一弱的逆湿层。各代表月边界层的相对湿度,7月大于其他3个月。

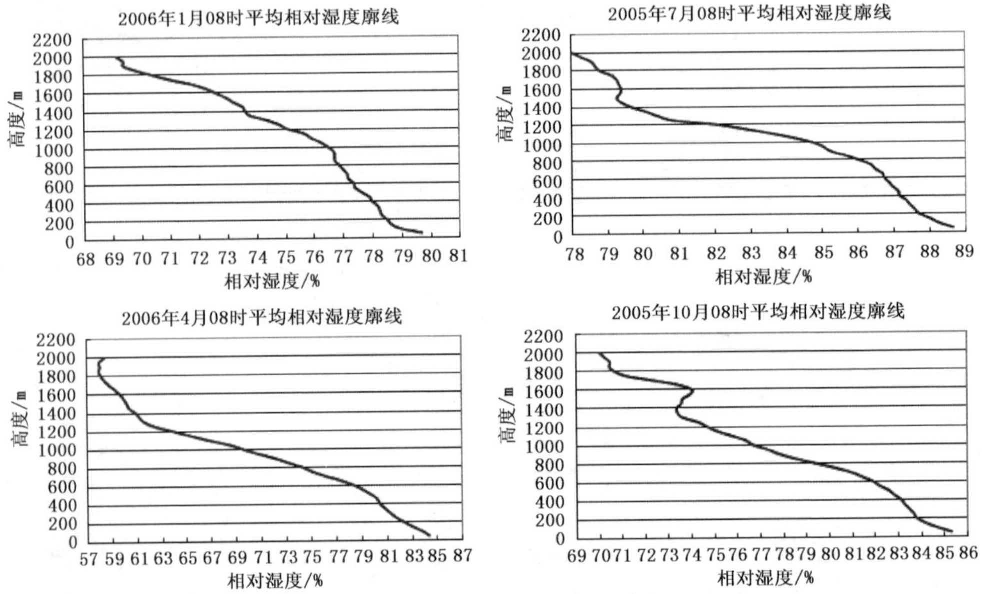

图1.41　各代表月08时平均相对湿度垂直分布廓线图

图1.42是各代表月20时平均相对湿度垂直分布廓线图,各月均表现出:近地面存在一薄层其相对湿度随高度增加而减小,之后,随着高度升高相对湿度增大,到一定高度有出现相对湿度随高度增高而减小的特征。各代表月相对湿度变化同08时一样,也表现出7月份相对湿度大于1月、4月、10月的特征。

08时从地面至2000 m高空之间各层面的最大值相对湿度1月、7月在1150 m或1200 m以下基本随高度增高呈减小的变化趋势,1150 m或1200 m至2000 m,随高度增高呈增大的变化趋势,4月、10月份各层面相对湿度最大值随高度变化的转折

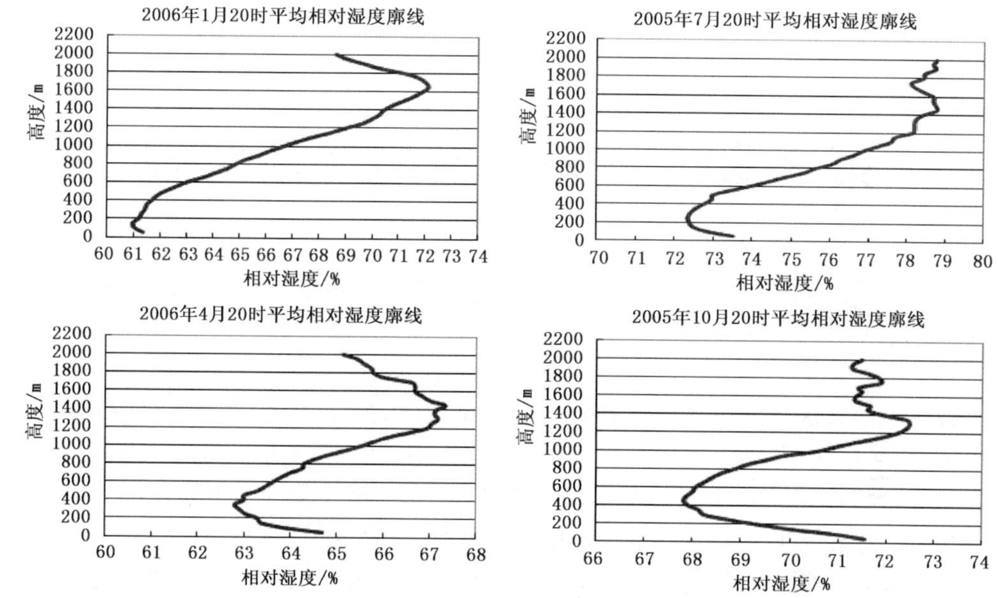

图 1.42　各代表月 20 时平均相对湿度垂直分布廓线图

点与 1 月和 7 月略有不同，在 700 m 或 800 m 以下基本随高度增高呈减小的变化趋势，800～2000 m，随高度增高呈增大的变化趋势。20 时各代表月从地面至 2000 m 高空之间所有层面的最大相对湿度随高度变化较为一致，在 850 m 或 1000 m 以下基本随高度增高呈减小的变化趋势，850 m 或 1000 m 至 2000 m，随高度增高呈增大的变化趋势。统计结果还显示，除 1 月 08 时最大相对湿度为 93％外，其余时次不同代表月最大相对湿度的量值相差不大，基本在 96％～99％。

08 时各代表月的不同高度相对湿度最小值，除 1 月 1050 m 以下随高度升高呈增大趋势外，1 月其余高度及 4 月、7 月、10 月份均呈现相对湿度最小值随高度增高而减小的变化趋势。20 时各代表月的相对湿度最小值随高度除较为复杂，除 1 月 1050 m 以下和 7 月相对湿度最小值随高度升高呈增大趋势外，1 月其余高度及 4 月和 10 月均呈现相对湿度最小值随高度增高而减小的变化趋势。

第 2 章　三峡库区的气象灾害

2.1　三峡库区的干旱

近年来的几次异常干旱灾害都发生在西南地区，如 2006 年夏季川渝地区特大干旱以及 2009 年秋季至 2010 年春季的西南大旱。采用气象干旱等级国家标准(GB/T 20481—2006)计算三峡库区 1961—2013 年共 53 a 各年各季发生干旱日数。*CI* 综合干旱指数等级是一套集降水量、标准化降水指数、蒸散量以及湿润度等指标，进行综合形成的综合气象干旱指数，目前国家气候中心运用该指数对全国范围的干旱实况进行逐日滚动实时监测，业务实践效果良好。综合气象干旱指数是利用近 30 d(相当月尺度)和近 90 d(相当季尺度)降水量标准化降水指数，以及近 30 d 相对湿润指数进行综合而得，该指标既反映短时间尺度(月)和长时间尺度(季)降水量气候异常情况，又反映短时间尺度(影响农作物)水分亏欠情况。该指标适合实时气象干旱监测和历史同期气象干旱评估。其计算公式：

$$CI = \alpha Z_{30} + \gamma M_{30} + \beta Z_{90} \tag{2.1}$$

$$M_{30} = \frac{P_{30} - E_{30}}{E_{30}} \tag{2.2}$$

式中，Z_{30}，Z_{90} 为近 30 d 和 90 d 标准化降水指数 *SPI*；P_{30} 近 30 d 降水量，E_{30} 为近 30 d 可能蒸散量由用桑斯维特方法(Thornthwaite Method)计算；α、γ、β 为权重系数，分别取 0.4，0.8，0.4。

综合旱涝指标等级见表 2.1。

表 2.1　*CI* 指标的旱涝等级

CI 值	旱涝等级	旱涝类型
CI ≥2.4	0	特涝
2.4>*CI* ≥1.8	1	重涝
1.8>*CI* ≥1.2	2	中涝
1.2>*CI* ≥0.6	3	轻涝

续表

CI 值	旱涝等级	旱涝类型
$0.6 > CI > -0.6$	4	正常
$-0.6 \geqslant CI > -1.2$	5	轻旱
$-1.2 \geqslant CI > -1.8$	6	中旱
$-1.8 \geqslant CI > -2.4$	7	重旱
$CI \leqslant -2.4$	8	特旱

三峡地区某时段(月、季、年)干旱日数 CI_d：

$$CI_d = \frac{1}{k}\sum_{i=1}^{k}\sum_{j=1}^{m}CI_{ij}\text{，当 } CI_{ij} \leqslant -0.6 \text{ 时；} \tag{2.3}$$

式中，CI_{ij} 为某站(区域)某日综合旱涝指数，m 为某时段内的总天数，k 为三峡区域内的站数。

某区域某时段(月、季、年)洪涝日数 CI_f：

$$CI_f = \frac{1}{k}\sum_{i=1}^{k}\sum_{j=1}^{m}CI_{ij}\text{，} \quad \text{当 } CI_{ij} \geqslant 0.6 \text{ 时；} \tag{2.4}$$

式中，CI_{ij} 为某站(区域)某日综合旱涝指数，m 为某时段内的总天数，k 为某区域内的站数。

三峡蓄水后夏季水位处于 145 m 低值时期，冬季水位处于 175 m 高值时期，且夏、冬季水位相对稳定；春、秋季水位处于调整时期，故只分析三峡库区全年、冬季干旱和伏旱(6 月下旬至 9 月上旬)的变化特征。

三峡库区各季出现干旱日数相差不大，相对而言，夏季出现干旱日数略多，秋冬季次之，春季出现干旱日数较少。从三峡库区各季干旱日数的年代际变化来看，夏季，20 世纪 60 年代至 80 年代基本相当，为 19.0 d/a 左右，20 世纪 60 年代和 21 世纪以来较多，分别为 25.0 d/a 和为 28.3 d/a；冬季，20 世纪 60 年代最少，平均 15.1 d/a 左右，20 世纪 70 年代、90 年代和 21 世纪基本相当，平均 20 d/a 左右。21 世纪以来，库区冬季干旱日数明显减少，但夏季干旱日数显著增加。

由三峡库区年干旱日数分布图可见(图 2.1)，年干旱日数主要表现为盆地和谷地多、山区少，库区东北多、西部少的分布特点。其中鹤峰最少，平均每年只有 14.8 d；兴山最多，达 76.7 d。近 53 a 来，伏旱的分布与年干旱日数分布有所差异，主要表现在库区西部多于东部，低值区还是位于库区东南部，其中鹤峰最少，年平均只有 6 d，涪陵最多，达 29.2 d。冬旱日数呈东部大于西部、北部大于南部的分布特征，低值区还是位于库区东南部，其中云阳最大，达 24.5 d，库区东南部的咸丰、宣恩站从未发生过冬旱。

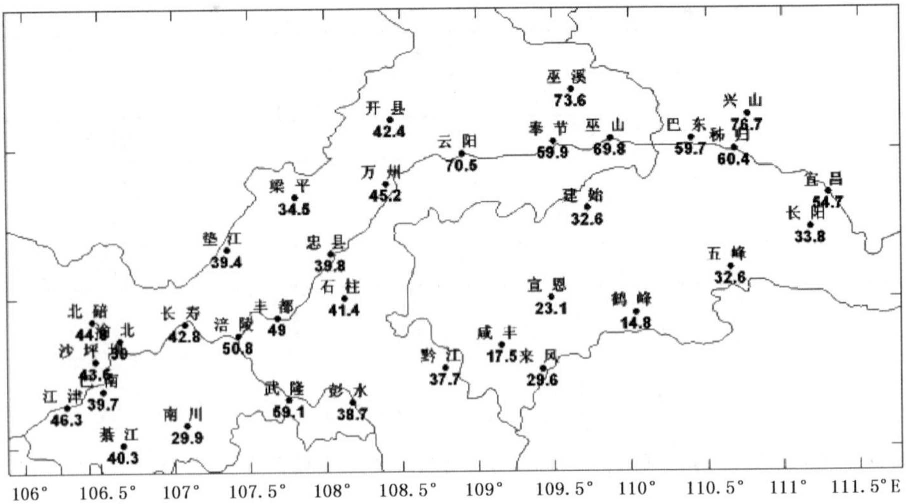

图 2.1 三峡库区年干旱日数分布(单位:d)

干旱日数多少在一定程度上可以反映干旱的强度。从库区平均年干旱日数的年际变化看,近 53 a 来呈不明显的增加趋势,其趋势系数为 0.17 ,没有通过 0.1 置信水平的 t 检验;干旱日数年际变化大,最多年库区平均干旱日数可达 97 d(2006 年),最少年仅有 22.7 d(1962 年);干旱最为严重前三年分别是 2006 年、1999 年和 1979 年。M-K 检验结果显示,三峡库区年干旱日数在 1965 年出现由少增多趋势突变,之后在 2002 年存在增加势头减弱的突变,但两次突变均没有通过显著水平 0.05 检验(图 2.2)。

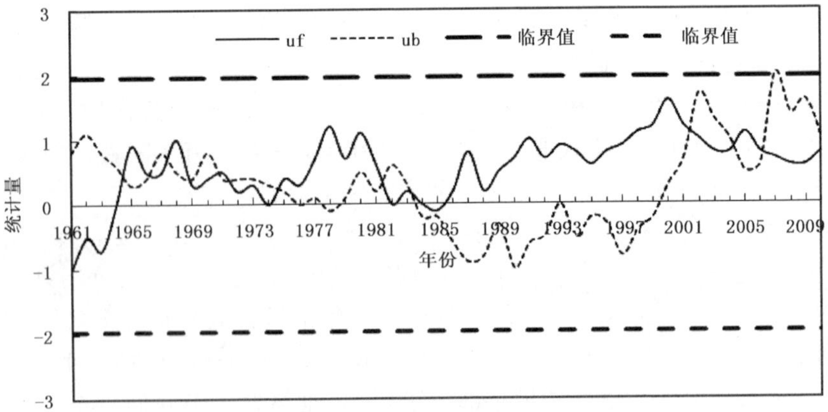

图 2.2 三峡库区年干旱日数 M-K 统计量曲线

三峡库区年干旱日数年代际变化明显，20 世纪 90 年代干旱日数最多，平均为 59.4 d，21 世纪前 10 a 次之，平均为 55.6 d，20 世纪 60—80 年代为相对较少时段，平均 52～53 d(图 2.3)。

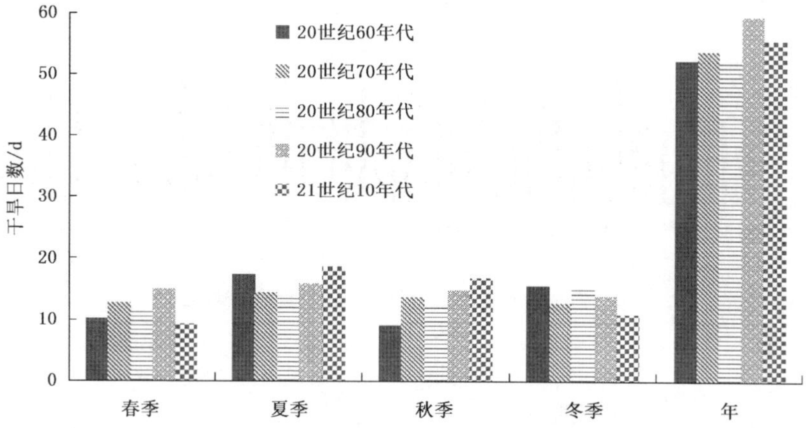

图 2.3　三峡库区四季及年干旱日数年代际变化

从 1961 年以来三峡库区各季节发生干旱日数的年际变化趋势看，春季总体上没有显著的变化趋势，但 M-K 检测结果显示，三峡库区春季干旱日数从 1964 年开始出现增多趋势，在 1997 年出现由多变少的突变，2008 年又发生由少到多的突变。夏季干旱日数的也基本没有变化趋势，同时 M-K 检测结果显示，近 51 a 来夏季干旱日数没有发生突变。秋季干旱日数有明显的增多趋势，增多速率为 1.8 d/10a，其趋势系数为 0.2926，通过 0.05 显著性水平的 t 检验；M-K 检测结果显示，秋季干旱日数在 1975 年发生由少到多的突变，且在 2006 年这种增多趋势年达到显著性水平 0.05，再次表明自 1965 年开始三峡库区秋季干旱日数的增多趋势是十分显著的。冬季干旱日数总体呈不显著的减少趋势，M-K 检测结果显示，在 1970 年冬季干旱日数出现由多到少的突变，之后表现为年际变化特征，没有明显变化趋势(图 2.4～2.7)。

三峡库区各季出现干旱日数相差不大，相对而言，夏季出现干旱日数较多，秋冬季次之，春季出现干旱日数较少。从三峡库区各季干旱日数的年代际变化来看，春季 20 世纪 90 年代干旱日数最多，为 14.9 d/a，21 世纪以来最少，为 9.3 d/a；夏季，各年代干旱日数呈先减后增的变化趋势，其中 20 世纪 80 年代最少，为 13.7 d/a，20 世纪 60 年代和 21 世纪以来较多，分别为 17.4 d/a 和为 18.6 d/a；秋季，除 20 世纪 70 年代干旱日数较 80 年代略多外，其余各年代均表现出比上一年代增多，其中 21 世纪以来最多，平均为 16.8 d/a；冬季，20 世纪 60 年代和 80 年代较多，平均 15 d/a 左右，21 世纪以来最少，仅平均 10.9 d/a。总之，21 世纪以来，库区冬春季干旱日数明显减少，但夏秋季干旱日数显著增加。

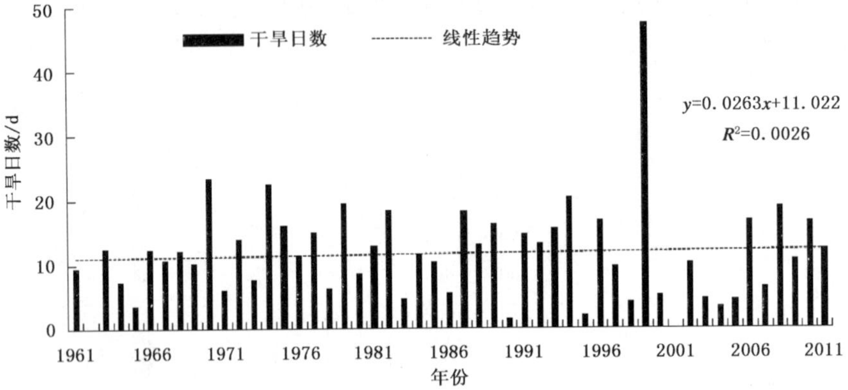

图 2.4 三峡库区春季干旱日数历年变化

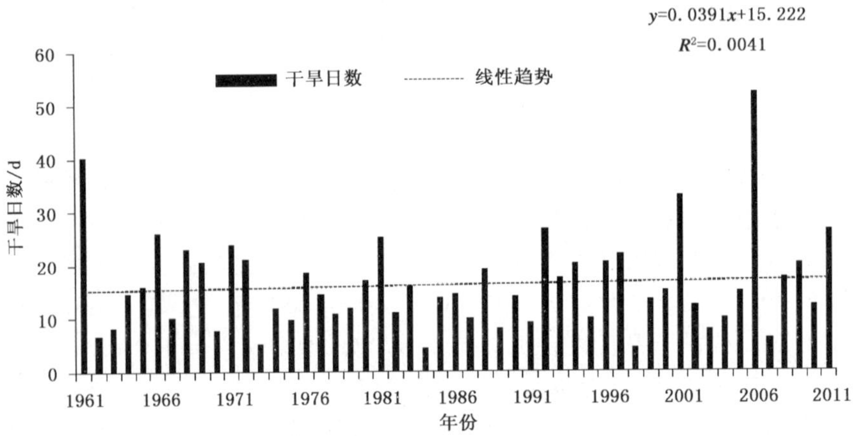

图 2.5 三峡库区夏季干旱日数历年变化

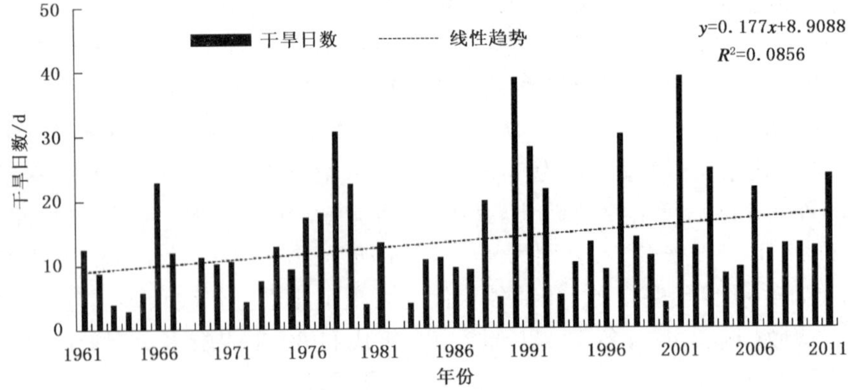

图 2.6 三峡库区秋季干旱日数历年变化

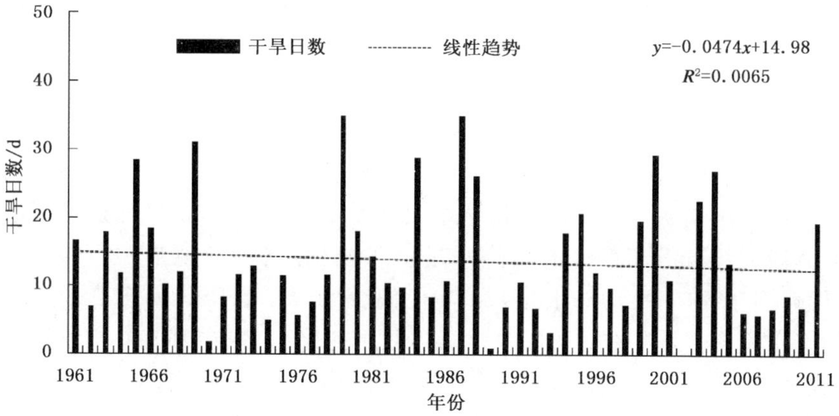

图 2.7　三峡库区冬季干旱日数历年变化

2.2　三峡库区的暴雨洪涝

洪涝与干旱是相对的事件。三峡地区洪涝灾害的频次程度及影响仅次于干旱灾害。洪涝灾害发生的地区分布较干旱差异大，局地暴雨洪涝几乎每年会发生，区域轻涝发生的频率在 17%～40%，巫溪、奉节等地洪涝灾害发生频率不到 20%，而咸丰高达 41%。总的来看，长江以南洪涝灾害发生频率高于北边，东西差异不大。

三峡库区平均洪涝灾害的年发生频率为 26.4%，每 4～5 a 发生一次中等强度洪涝；严重洪涝年份有 1980 年、1982 年、1983 年、1998 年，其中 1983 年和 1998 年为特重洪涝，但年际间基本没有明显的变化趋势。2000 年以来，三峡库区局地的暴雨天气频繁，但没有出现大范围的严重暴雨洪涝灾害。

三峡库区洪涝灾害几乎均发生在夏季，发生频率为 22.6%，与年发生频率接近。但严重洪涝年份不同，特重的夏涝年份为 1980 年、1998 年；春秋季发生洪涝灾害的频率很小，均只有 3.8%，1961 年以来春季发生洪涝灾害的年份有 1977 年 5 月和 2002 年 5 月，秋季发生严重洪涝灾害的年份也只有 2 a，即 1983 年 9 月和 10 月，2004 年 9 月；冬季没有洪涝灾害发生。

在春、夏、秋三季洪涝灾害中，春季出现洪涝日数较少，即使有最多也不足 2 d。从历年夏、秋季洪涝日数看，阶段性变化特征明显，20 世纪 80 年代前期及 90 年代至 2003 年为夏季洪涝多发时期；20 世纪 60 年代至 70 年代前期和 70 年代末 80 年代初为秋季洪涝多发期。历年变化中，三峡库区春、夏季洪涝发生日数年际间没有明显的变化趋势，而秋季洪涝日数年际间呈减少趋势。

三峡库区平均年洪涝日数没有明显的变化趋势，但洪涝发生具有明显的阶段性变化特征。20 世纪 80 年代前期和 90 年代至 21 世纪初为洪涝多发时段，且 80 年代前期整体洪涝灾害强度较大；20 世纪 70 年代区域性洪涝较少，未发生严重洪涝灾害。洪涝灾害总趋势是灾害严重程度和损失程度趋于严重。20 世纪 70 年代区域性洪涝较少，未发生严重洪涝灾害，60 年代和 80 年代以来洪涝灾害较多，特别是 80 年代发生三次严重洪涝灾害。6 月中旬至 7 月中旬是梅雨期，7—8 月是暴雨洪涝最集中发生的时段。统计分析两个时段降水量多年变化趋势，发现 7—8 月降水量 20 世纪 60 年代略多于 40 a 平均降水量，70 年代偏少 20%，80 年代偏多 22%，90 年代比同期平均降水量多 5%左右。6 月中旬至 7 月中旬降水量有相同的变化趋势，与多年同期平均降水量相比，70 年代偏少 9%，80 年代偏多 6%，90 年代略偏少。因此，20 世纪 80 年代较严重，90 年代频次虽然减少但洪涝严重程度却历史少见，如 1998 年三峡库区发生了新中国成立以来超过 1954 年的特大洪涝，洪涝持续时间达 30 d 以上，重庆市因灾死亡 99 人，经济损失超过 40 亿元。其造成的不利影响也远比 50 年代、60 年代大得多。进入 21 世纪虽然没有出现长时间持续性洪涝灾害，但局地特大暴雨造成的暴雨洪涝不断，并造成重大人员伤亡和经济损失。如 2004 年 9 月 1—8 日，重庆市有 18 个气象观测站点出现暴雨，13 个区县出现大暴雨，开县出现特大暴雨，其中 4 日 08 时—5 日 08 时开县降水量达 298 mm，其过程降水量达 415.7 mm，为有气象记录以来的最大值。重庆市因暴雨洪涝灾害死亡 75 人、失踪 25 人，直接经济损失 19.3 亿元。

2.3 三峡库区的旱涝变化趋势

利用中国 500 年旱涝图集等级（中国气象局气象科学院，1981），选取三峡库区范围内沙坪坝、万州和宜昌 3 个代表站 1470—1979 年的旱涝等级序列，并利用各站 1980 年至 21 世纪的 5—9 月降水量按照图集的标准进行计算和划分，得到完整旱涝等级序列，其中旱涝等级标准为：

1 级：涝。表示持续时间较长的降水；强烈大暴雨成灾；大范围水灾。

2 级：偏涝。表示持续降水；局地大水等。

3 级：正常。表示无水旱灾记载。

4 级：偏旱。表示成灾较轻的旱，局地旱。

5 级：旱。表示持续数月无降水，大范围严重干旱。

1470—2011 年三峡库区历经多次旱涝转换，20 世纪后库区旱涝频率有所加剧（图 2.8）。11 a 滑动平均曲线显示，三峡库区经历明显的旱涝阶段，其中 17 世纪 50

年代至 18 世纪 70 年代、19 世纪 30 年代至 20 世纪 20 年代为偏涝(包括涝)阶段，15 世纪 80 年代至 16 世纪 30 年代、17 世纪 20 年代至 17 世纪 50 年代、18 世纪 70 年代至 19 世纪 20 年代、20 世纪 20 年代至 20 世纪 80 年代为偏旱(包括旱)阶段(图 2.8)。1470—2011 年三峡库区旱涝等级变化与长江上游较为一致，两者呈正相关关系，相关性达到 0.83，与长江上游流域东、西部相关系数分别为 0.88 和 0.76，与长江上游东部相关性相对较大。

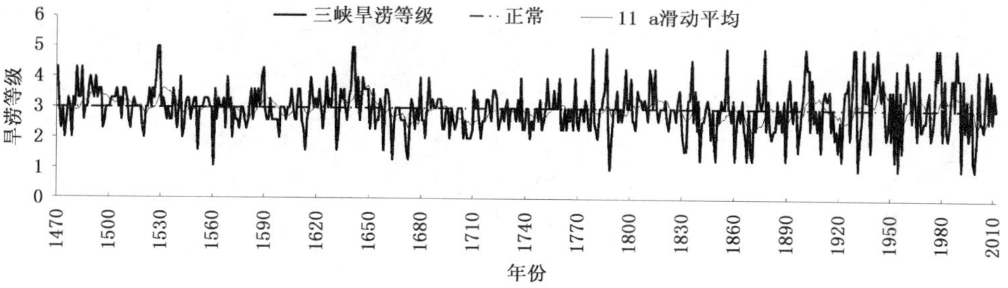

图 2.8　1470—2011 年三峡库区旱涝等级逐年变化

1470—2011 年三峡库区出现正常(3 级)年份 300 a，约占总年份的 55%；偏涝以上出现 120 次，占 22%；偏旱以上出现 122 次，约占 23%。542 a 间三峡库区流域旱涝出现次数基本一致，分别占总年份的 3% 和 4%，见表 2.2。

表 2.2　1470—2010 年三峡库区流域旱涝发生频次

旱涝等级	三峡库区	
	次数	频率/%
1	16	3
2	104	19
3	299	55
4	103	19
5	19	4

由表 2.3 可以看出，1470—2011 年三峡库区偏旱、偏涝以上发生次数呈上升趋势，尤其进入 20 世纪库区的旱涝次数明显增加。18 世纪之前偏旱(包括旱)次数多于偏涝(包括涝)次数，以偏旱(包括旱)为主；20 世纪偏旱、偏涝频次均有明显上升。三峡库区涝年次数由 16—18 世纪的 1～2 次，增至 19—20 世纪 6 次；而旱年次数在 20 世纪大幅增长，由 19 世纪 3 次增至 20 世纪 10 次。研究 1980—2007 年三峡库区洪涝年际变化表明，三峡库区年均洪涝、区域性洪涝变化趋势不明显，但区域性洪涝

较为频繁;三峡建坝前洪涝年份环流异常相比建坝后更有利于降水形成。

542 a间三峡库区涝年次数16次,达到34 a一遇;旱年次数为19次,达到29 a一遇。就年代际变化而言,涝年由18世纪之前的百年一遇,升至19和20世纪17 a一遇;旱年发生频率多于涝年,由19世纪前的近50 a一遇,上升至20世纪的10 a一遇。

表2.3 1470—2010年三峡库区流域旱涝次数世纪分布

	三峡库区流域旱涝等级次数/次						
	1级	2级	3级	4级	5级	1~2级合计	4~5级合计
1470—1500年*	0	4	17	9	0	4	9
1501—1600年	1	12	70	15	2	13	17
1601—1700年	2	17	57	22	2	19	24
1701—1800年	1	23	63	11	2	24	13
1801—1900年	6	20	61	10	3	26	13
1901—2000年	6	26	38	20	10	32	30
2001—2011年*	0	2	6	4	0	2	4

注:表中由于资料所限,1470—1500年、2001—2011年不够一百年。

近200 a气候变化,大体分出19世纪为全球性小冰期的第三个冷期,20世纪为全球变暖时期。20世纪全球和中国变暖集中在两个时段,前一个时段1920—1940年,后一个时段为1980年开始持续至今;冷期集中在1960—1970年。第一个暖期三峡库区出现2次大涝和4次大旱,第二次暖期则出现3次大涝和5次大旱;而冷期间库区没有发生大旱、大涝。

2.4 三峡库区的高温

高温是三峡库区夏季主要气象灾害之一。高温天气不仅影响人民群众的正常生活,还造成需水量和用电量的增加,给水利、电力、交通、工矿等部门的生产带来很大的影响,同时由于高温易加重夏季少雨地区旱情的发展,还会给农业生产带来很大威胁。

按照气象观测规定,日最高气温≥35 ℃的天气称为高温天气。统计高温日数时,又根据日最高气温的高低分为二级:日最高气温≥35 ℃而<38 ℃的称为一般性高温;日最高气温≥38 ℃的称为危害性高温。高温过程的统计标准:单站连续出现3 d(含)以上日最高气温≥35 ℃或连续2 d(含)以上出现日最高气温≥35 ℃并有1 d日最高气温≥38 ℃的定义为一次高温过程;连续5 d(含)以上出现日最高气温≥35 ℃或连续2 d(含)以上出现日最高气温≥38 ℃的,定义为中等高温过程;连续出现8 d

日最高气温≥35 ℃或连续 3 d 出现日最高气温≥38 ℃的定义为强高温过程。

三峡库区及其周边地区山地多，丘陵、盆地、河谷交错，地势东高西低，受独特的地理环境的影响，高温天气分布较为复杂。年高温日数分布上盆地和谷地多，山区少。四川盆地东部的沙坪坝、北碚、綦江及河谷的彭水、涪陵、丰都、忠县、万州、巫山、巫溪、巴东、秭归年日最高气温≥35 ℃高温日数有 28～38 d；由于气温随着海拔高度的升高气温而递减，高温日数也随海拔的增加而明显减少，库区东南部大部及奉节、垫江、梁平等海拔较高地区年日最高气温≥35 ℃的高温日数在 20 d 以下，其中来凤、建始、黔江等年平均高温日数不足 10 d。

高温过程发生次数的多少在一定程度上反映了高温天气发生的频繁程度。三峡库区各地年平均发生高温过程的频次一般为 1～6 次/a。空间分布上，库区中南部高温过程少，一般不足 2 次/a，库区其余大部地区特别是库区西南部高温过程相对较多，有 3～5 次/a。库区高温过程的持续时间一般有 2～7 d，最长持续时间一般有 5～13 d。

在三峡库区，高温天气在 4—10 月均可出现，但主要分布在 6—9 月，其中 7—8 月出现频次最高，约占年高温日数总和的 50%。1961—2013 年，三峡库区平均高温日数为 25.8 d，最多年为 2006 年(50.0 d)，最少年为 1987 年(9.1 d)；近 53 a 库区高温日数有微弱的增加的趋势，增加趋势为 1.1 d/10a。三峡库区各地年高温日数变化趋势不同。重庆西部呈减少趋势，但重庆东部和湖北西南部均呈增多趋势。三峡库区年高温日数存在着年代际阶段性变化，20 世纪 70 年代前期、80 年代后期至 90 年代初都是高温天气较多的时期，其中 20 世纪 80 年代高温天气最少，为 22.0 d，2001—2010 年代高温日数最多，达 29.6 d，但总体上在库区高温日数没有表现出显著的长期变化趋势。2006 年，长江三峡库区遭遇了罕见的高温热浪天气，该年一般高温和危害性高温日数均为 1961 年以来最多，特别是危害性高温日数比历史次多的 1966 年的 18.1 d 多了 10.3 d，为历史罕见。近 53 a 来，高温过程的平均持续时间和最长持续时间没有表现出明显的趋势。

三峡库区极端最高气温较高，大部地区极端最高气温接近 40 ℃或以上，即使中南部海拔较高的山区，极端最高气温也接近 37～38 ℃。空间分布上，常年极端最高气温的空间分布与高温日数分布相似，具有河谷、盆地、平原高，山区低的分布特点。三峡库区平均年极端最高气温在近 53 a 来没有明显的长期趋势存在。从 1951 年以来极端最高气温历史记录看，三峡库区不少站点 2006 年的极端最高气温均突破了历史最高纪录，高温势力之强为历史罕见(表 2.4)。

表 2.4 三峡库区部分站点历史极端最高气温

站名	极端最高气温/℃	出现时间
开县	43.2	2006 年 8 月 15 日
云阳	42.9	1994 年 8 月 5 日
巫溪	42.8	1994 年 8 月 13 日
奉节	41.6	2006 年 8 月 29 日
巫山	42.8	2003 年 8 月 2 日
巴东	41.6	1981 年 8 月 6 日
秭归	41.7	1971 年 7 月 26 日
	41.7	1990 年 8 月 22 日
	41.7	1994 年 8 月 3 日
兴山	43.1	1959 年 8 月 23 日
	43.1	1995 年 9 月 6 日
垫江	42.1	2006 年 8 月 15 日
梁平	40.3	2006 年 8 月 15 日
万州	42.3	2006 年 8 月 15 日
忠县	42.7	2006 年 9 月 1 日
石柱	40.2	1959 年 8 月 23 日
建始	39.9	1959 年 8 月 23 日
恩施	41.2	1959 年 8 月 22 日
五峰	39.2	1995 年 9 月 6 日
宜昌	41.4	1969 年 8 月 2 日
长阳	42.1	1966 年 8 月 6 日
北碚	44.3	2006 年 8 月 15 日
江北	41.7	2006 年 8 月 15 日
沙坪坝	43.0	2006 年 8 月 15 日
巴县	43.9	2006 年 8 月 15 日
南川	41.5	2006 年 8 月 15 日
长寿	42.3	2006 年 8 月 15 日
涪陵	43.5	2006 年 8 月 15 日
丰都	43.5	1972 年 8 月 26 日
武隆	42.7	2006 年 8 月 15 日
黔江	39.5	2006 年 8 月 15 日
彭水	44.1	1953 年 8 月 19 日
宣恩	40.8	1959 年 8 月 23 日
鹤峰	40.7	1959 年 8 月 23 日
来凤	39.1	2006 年 8 月 15 日
綦江	44.5	2006 年 8 月 15 日
	44.5	2006 年 9 月 1 日

第 3 章　三峡气候的影响因子

3.1　大气环流

西太平洋副热带高压(以下简称副高)是影响东亚地区大气环流的重要成员之一,是控制热带、副热带地区的持久的大型天气系统。中国的天气气候与副高的位置和面积(强度)变化密切相关,当其活动出现异常时,常常造成中国较大范围尤其是三峡库区及长江流域的旱涝灾害。夏季副高的位置分为偏南过程和偏北过程,当副高为南部型时长江流域降水量偏少,反之副高为北部型时长江流域降水量偏多。可见,当副高东西和南北位置的不同配置,对长江流域及库区的气候影响是明显不同的

1998 年夏季长江流域致洪暴雨的发生、发展与西太平洋副热带高压主体偏强,位置偏南有关。1998 年 6 月中旬到下旬副高较常年偏南,这时长江流域出现了夏季第一段持续降水,尤其是在江南北部、两湖盆地出现了异常强的降水;7 月中旬到 8 月上旬副高较常年持续异常偏南,曾一度退到 15°N 左右,这在历史上是罕见的,从而形成了长江流域夏季第二段异常降水过程。

2006 年三峡库区夏季发生的极端高温干旱与副高的位置偏北、偏西密切相关,尤其是进入 8 月以后,副高脊线一直维持在 27°N 以北,从而不利于南方的暖湿气流到达西南地区东部。。

2007 年 7 月 16 日,受高空低槽和西南暖湿气流共同影响,重庆西部出现大范围强降水过程,降水强度大,过程降水量多,均创历史纪录新高。对环流系统分析表明,2007 年夏季,低纬度副高系统呈现东北—西南走向,副高脊线活动情况接近常年平均;进入 7 月副高西端略有北抬,阻挡高原低值系统东移,同时副高脊线活动情况也表明 2007 年 7 月副高活动明显较往年偏弱。南海夏季风在持续三候偏弱之后,7 月第 3 候明显增强,远远高出气候平均值,南海季风系统活跃,造成该地区水汽供应充沛。中低层(850 hPa)水汽通道畅通,7 月第 3 候平均而言,中南半岛直到长江中游的广大范围盛行西南气流,风速达低空急流标准,重庆市处在这支急流出口的左前端,恰为强降水落区。

3.2 海洋

海洋面积占地球表面积的四分之三,海陆热容的差异是季风产生的根源。大气作为海陆联系的主要纽带,通过大气环流使海温对陆地气候产生影响。中国气候受太平洋和印度洋的影响较为直接,而地气系统的开放性又会使其他海域(除太平洋和印度洋之外)间接影响中国气候。长江流域是中国主要季风气候区,又是东南季风和西南季风的交汇影响区,它的气候(尤其是降水)及气候灾害(特别是旱涝)与海温的关系早已受到关注并开展了许多研究。三峡库区位于长江流域,其受海洋影响也很大。

海温的变化是慢变过程,它的年代际变化特征倍受关注,一方面它是叠加在长期气候趋势变化上的扰动,可直接造成海洋及其周边地区气候的年代际变化;另一方面它作为年际变率的重要背景,对年际变化也具有重要的调制作用。研究表明海温与长江流域旱涝有着非常密切的联系,赤道东太平洋、西北太平洋、赤道印度洋、澳大利亚东侧等海域海温与长江流域旱涝均有着密切联系。

长江流域降水主要集中在夏季,夏季降水及洪涝与赤道东太平洋海温的关系就成为各界最为关心的。前期秋、冬季赤道东太平洋海温偏暖有利于长江流域夏季降水偏多。前期 4—6 月赤道中东太平洋海温异常偏暖(偏冷)主要使得长江流域中下游地区 6 月份的降水发生异常偏少(偏多),出现异常偏旱(偏涝)。当春季中东太平洋海温异常偏高(偏低)时,长江流域上游地区春季降水易于偏少(偏多),出现旱情(涝情)。赤道东太平洋海温发生异常增暖激发西太平洋副高增强西伸时,盛夏副高脊线有偏南偏北两种可能,如果脊线偏南,则三峡东部或东南部降水偏多,即为东部型降水;如果脊线位置偏北,则三峡西部或西北部降水偏多,即为西部型降水。当赤道东太平洋海温发生异常偏冷,西太平洋副高从而转入减弱偏东阶段时,三峡地区以东部型降水为主。长江流域三峡降水与赤道东太平洋海温在约 40 个月周期振动上,赤道东太平洋月海温偏高(偏低)时,未来 9.6 个月长江三峡月降水将偏多(偏少)。可见,赤道东太平洋海温与三峡库区及长江流域降水及旱涝的关系是很复杂的,时间上既涉及时间尺度又存在时间滞后以及持续性影响,空间上也有很大的区域差异。近年来,极端气候事件频发且日益受到关注,长江中游地区雨季的各种极端降水指数与前年 9 月至当年 2 月 Nino3 区海温有较好的正相关关系。

夏季西太平洋暖池地区(5°—20°N,115°—155°E)的海温呈现出大范围负距平时,同期长江流域将会出现较严重的干旱。三峡坝区旱涝与前期北太平洋海温的季节演变有非常密切的联系,影响坝区汛期降水的海温场有几个关键时区,分别是春季赤道东太平洋(5°N—5°S,105°—120°W)、春季西风漂流区(25°—30°N,140°—165°N)、冬季墨西哥的瓜达卢佩岛以西区域(20°—30°N,120°—155°W)、冬季日本南鸟岛以东区域(20°—30°N,150°—170°E)。当前期春季赤道太平洋海温偏高时,西风漂流区海温明显偏低,前期冬季墨西哥的瓜达卢佩岛以西区域海温偏高,同时日本南鸟岛以东区域海温偏低时,三峡库区汛期多雨,反之亦然。北太平洋月海温增温(降温)时,未来 3 月三峡库区月降水偏多(偏少)。

当赤道印度洋(65°—95°E)大部分海区为海温正距平时,长江中下游地区降水易偏多。当冬季澳大利亚东侧海温变暖时,随后夏季西太平洋副热带高压和东亚西风急流位置往往偏南,中国大陆沿岸低层盛行异常的西南风,有利于长江流域夏季降水增多。当夏季南海海温偏高(低),澳大利亚东侧海温偏高(低)时,西太平洋副高较强并偏南西伸(较弱并偏北偏东),从而造成长江上游夏季降水偏多(偏少),出现涝情(旱情)。秋季正好与夏季呈相反的分布形态,即当秋季南海及印尼附近海温为负(正)距平时,对应长江流域上游秋季降水偏多(少),出现涝(旱)。

南海海温的异常变化对三峡降水的影响约出现在 9 个月之后,南方涛动月指数的异常一般约在 18 个月后影响到三峡降水。三峡降水与南海月海温呈同相位变化而与南方涛动月指数呈反相位变化。在约 40 个月周期上,南海月海温增温(降温)时,未来 9 个月长江三峡月降水偏多(偏少),在约 3.3 a(40 个月)周期上,南方涛动强(弱)时,未来 17.9 个月长江三峡降水偏少(偏多)(王善华,1993)。长江流域梅雨期降水的各主要周期与前期(秋、冬和春季)全球海温相关分析表明前期各季海温相关以冬季相关最好。年际、准 2 a 及 3～5 a 振荡周期对应的海温关键区,主要在热带和副热带地区;年代际及准 10 a 振荡周期对应的海温关键区,主要在温带海洋。

总的来说,海温对三峡库区及长江流域旱涝的影响归根结底是通过海气相互作用来完成的。海气相互作用的复杂性决定了海温与降水及旱涝关系的复杂性;三峡水库及长江流域作为更小区域,这种关系就显得更为复杂。

厄尔尼诺(El Niño)和南方涛动(Southern Oscillation),通常合称为 ENSO 事件,是海洋热力—动力特征的一种体现。厄尔尼诺是指赤道东太平洋表层海水温度较平常偏高的现象,南方涛动是指热带太平洋气压与热带印度洋气压的升降呈反相相关联系的振荡现象。厄尔尼诺和南方涛动相互联系、伴随出现,因此通常称为厄尔尼诺—南方涛动事件,即 ENSO 事件。ENSO 对长江流域旱涝有重要的影响,长江流域旱涝分布随厄尔尼诺事件的发生有明显的规律。在厄尔尼诺事件发生当年的夏季和秋季,长江流域中下游地区以干旱少雨为主要趋势,在厄尔尼诺发生次年的夏季和秋季,长江流域中下游地区的洪涝灾害尤为突出。厄尔尼诺事件年长江流域大多表现为温度升高和降水减少,发生干旱灾害的概率升高;而拉尼娜年一般表现为降水增多,洪涝灾害发生率相对增加。赤道东太平洋海温、南方涛动指数的前期异常变化对长江流域夏季降水都有不同程度的影响且影响具有一定的持续性。

3.3 地形

地形是影响天气变化及气候形成过程的重要因素之一。

三峡河谷受山脉阻隔，具有明显的温度效应，而且地形的温度效应对不同温度项目表现是不一样的。大多数情况下，三峡坝区由于地形封闭、风速小，日出升温后热量不易散失，使河谷地区的最高气温升高，山区日落后由于地面长波辐射冷却，使坡面冷空气下沉，山区河谷地带最低气温相对较低，即地形温度效应造成气温的日较差增大；对于平均气温而言，使冬半年变暖，夏半年变凉，即气温的年变化趋缓；从增(降)温幅度看，冬季使平均气温升高、最高气温升高，夏季则使平均气温降低、最低气温降低。即对于日变化来说，河谷地形效应使最高温度的增幅最大，最低温度的增幅最小，故气温日较差增大；从年变化看，地形使气温的增幅冬半年最大，夏半年最小(甚至降低)，即年较差缩小。

从峡谷地形对谷坡上部和下部暴雨的增幅作用机制来看，一般随着海拔高度增加，24 h 最大降水量增加。由于短时局地强降雨与地形地貌下垫面状况和局地小尺度天气系统等因素有关，该指标随高度变化不是简单的线性关系，往往峡谷地形对谷坡上、下部暴雨都有明显的增幅作用，但作用机制不同。即在其暴雨期的迎风坡和白天，当谷坡上下同时发生暴雨时，由于气流爬坡抬升作用和白天沿坡上升的局地环流，平均说来，在谷坡上的暴雨强度可比谷底增加；在暴雨期的夜间，当谷坡上下同时发生暴雨时，由于夜间局地冷迳流、狭管效应及过山回流的原因，谷坡下部与上部的暴雨强度差随各地地形高差增大而增大，即地形高差越大或谷地愈深，谷坡下部的暴雨强度可比上部增大。

一般来讲同一高度的南坡降水量总多于北坡，但因三峡河谷地形切割厉害，带有水汽的南来气流越过南边的山体后，在三峡河谷出现一个背风向的雨影区，从江南向江北降水量逐渐减少，从而出现了长江以南(北坡)降水量大于长江以北(南坡)，北坡全年多出南坡 213.4 mm，达总量的 19.1%。其中 3—8 月增幅明显大于 10 月至次年 2 月，全年各月增幅相对值差别大，规律不明显。降水日数和暴雨日数多为北坡(江南)多于南坡(江北)，此与降水量分布特征一致。

此外，暴雨日数的分布与地形条件以及海拔高度之间具有较好的对应关系，表现为沿长江为暴雨事件低值地带，随海拔高度升高暴雨日数逐渐增加。这表明，在夏季风控制的环流背景下，暴雨日数的地域性分布差异与局地地形特征密切相关。

降水与地形起伏密切有关。降水量在一定高度范围内随高度增加而增加，但超过一定高度则反而随高度增加而减少，这一高度称为最大降水量带，这个最大降水量带视地区和季节而有不同。长江中下游地势的高度一般在海拔 2000 m 以下。降水量的多少不但与地形起伏有关，与地形的走向更有关系。一般迎风的地形多雨，背风的地形少雨（所谓雨影区）。长江流域单纯的地形雨很少。但地形对锋面、气旋阻挡、抬升和制约作用却很大，往往因地形阻挡制约而使锋面、气旋降水强度加大和降水时间延长。所以在同一天气系统下，由于地形不同，各地降水强度却有显著差别。例如1955年6月湖北大别山地区的暴雨（红安日降水量达304.3 mm），就是由于高空辐合带向北移动，西南气流受大别山西南部阻挡抬升和制约作用而形成。大别山西南部，是本流域气旋行径之关键，故在其西南的红安、罗田、英山等地暴雨特别多，又如武夷山西侧的上饶、弋阳等地的多雨（此地为长江流域最多雨地区），其主要原因即武夷山阻挡锋面前进，使其呈静止状态徘徊在此地区，不但延长了降水时间，而且也增强了降水强度。以上多雨地区都是地形配合天气系统活动的结果，所以地形不同是造成暴雨强度不同的重要因素。

青藏高原矗立在长江上游西部，阻挡了西风环流的运行，使高原东部地区，形成"死水区"，在这"死水区"内，扰动少，风力微弱，但由于这"死水区"为辐合地区，因此气流常在高原东侧形成小漩涡，每当平流条件充分或受北面其他系统的影响时，小漩涡即发展东移，常常引起长江流域大雨和暴雨天气。由于高原面积大，日间吸收的太阳辐射大于四周自由大气，夜间散热也大于四周的自由大气，因此高原与四周自由大气间的温度梯度就有着巨大的日变化；同理也产生了巨大的年变化。在夏季高原上的空气较同纬度地区最热，且在500 hPa高空天气图上常有一高压存在，这些暖空气和西藏高原暖高压东移时，常使长江流域气温高涨，形成酷暑。所以青藏高原的存在，不论在动力上或热力上对长江流域的天气和气候均有直接影响。青藏高原地势最高，受高空环流影响，故风力最大，上游受秦岭阻挡且地形崎岖，四川盆地地势低，故风力最小，中下游地势较平，强大冷气因侵入较易，冬春有寒潮影响，夏秋有台风袭击，故风力也大。

3.4　青藏高原积雪

青藏高原积雪的异常程度将影响中国长江流域的旱涝发生与否。当冬季青藏高原多雪时，西太平洋副高偏强但位置偏南，对应中国主要雨带位置也偏南；反之，当冬季青藏高原少雪时，西太平洋副高偏弱但位置偏北，对应中国主要雨带位置也偏北。1998年夏季由于前期冬春季青藏高原积雪异常偏多，西太平洋副高偏强但位置偏南，对应中国主要雨带位置也偏南。冬春季高原积雪与长江中下游地区夏季降水为正相关，冬季高原积雪异常偏多时，长江流域夏季易发生洪涝。在年代际尺度上，青藏高原冬春积雪与中国东部降水型的年代际变化（南涝北旱）有很好的相关，1978年前后高原冬春积雪明显增加使高原以及高原的加热（热源），从而与海温一起减小了夏季海陆差，减弱了亚洲夏季风的驱动力，使中国东部降水格局发生变化。

近 30 a 青藏高原冬季积雪表现出明显的年代际变化，在 1999 年前冬季积雪明显偏多，1999 年以后高原积雪明显偏少，因此从 1999 年以后，由于高原积雪的减少，大陆加热场加强，亚洲夏季风的驱动力再次加强，东亚季风减弱的趋势已止步，中国东部雨带表现出年代际北移，对应长江流域降水明显偏少。

3.5 季风

季风是由于大陆及邻近海洋之间存在的温度差异而形成大范围盛行的，风向随季节有显著变化的风系，主要分布在东半球的热带和副热带大陆，以及毗邻的海洋地区，其中亚洲季风最为显著。亚洲季风系统由东亚季风和南亚季风两个既相互独立又相互联系的子系统组成。而东亚季风又可划分为南海—西太平洋热带季风和中国大陆东部—日本的副热带季风。高原季风是青藏高原上冬夏盛行风向相反的现象。

三峡库区主要位于长江上游地区，地处东亚季风活动的西边缘，南亚季风活动的东北边缘和高原季风活动区的东侧，因此库区气候同时受到这三类季风的影响。

东亚季风对长江流域的影响，历来是季风研究者们所关注的重点。亚洲季风最早在南海地区暴发，一般 5 月中旬暴发。一般年份，东亚夏季风在 6 月中旬左右到达长江中下游地区，造成了长江中下游的梅雨期，梅雨期持续大约 2～3 周。东亚季风的年际及年代际变异是导致长江流域旱涝灾害频发的重要原因。东亚夏季风指数变化趋势及小波分析表明，东亚夏季风近 50 a 来总体呈显著减弱趋势，最显著的周期是 2～4 a 振荡，特别是 20 世纪 70 年代中期到 90 年代初，显著的准 4 a 周期，20 世纪 90 年代中期到 21 世纪初，为显著的准 2 a 振荡；其次就是准 10 a 的年代际振荡。

南海夏季风暴发早，东亚夏季风雨带在长江流域停滞时间很短，从而引起长江流域夏季风降水偏少，发生洪涝灾害和持续性暴雨的可能性较小，并往往发生干旱。相反，南海夏季风暴发晚，东亚夏季风雨带在华南和长江流域维持较长时间，经常引起华南和长江中下游流域的持续性暴雨，从而致使夏季风降水偏多，并往往发生洪涝灾害。对东亚夏季风的年代际变异分析的结果表明，东亚夏季风系统在 1976 年前后发生了一次明显变弱的年代际变化，此后中国长江和淮河流域夏季季风降水一直处于年代际增加时期。东亚冬季风的年际变异将带来东亚地区的暖冬或冷冬。东亚冬季风的强弱也与次年夏季长江流域旱涝密切相关，在强冬季风之后的夏季，中国长江、淮河流域夏季风降水偏少，可能发生干旱；相反，在弱的冬季风之后的夏季，中国长江、淮河流域夏季风降水偏多，可能发生洪涝。东亚冬季风不仅有显著的年际变化，也有显著的年代际变化。从 20 世纪 80 年代中后期之后东亚冬季风严重偏弱，这给东亚带来连续多年的暖冬，1987—2000 年东亚强寒潮暴发频次和以前相比大幅减少。

南亚季风对长江流域的影响也不可忽视。在每年的大约6月份，大气环流会发生突变，高层副热带西风急流突然北跳，导致低纬西风急流消失，建立东风急流，南亚高压随之北移，低层印度夏季风暴发，同时期中国长江流域梅雨开始。中国长江流域入梅日跟印度季风在印度加尔各答建立的日期相一致。印度西南部的克拉拉邦地区夏季风暴发后两周左右，中国长江流域梅雨开始。印度强季风年，长江以南地区降水偏少，弱季风年则相反。印度夏季风大量的凝结潜热释放会激发一个区域遥相关型即：印度—东亚(IEA)遥相关型，从而影响东亚夏季的平均高度场，当印度夏季风强盛时，东亚高度场偏高，副高易偏北偏西或中国大陆上空受正的高度距平控制，长江、淮河流域易偏旱；反之，易偏涝。

南亚夏季风近50 a来总体呈减弱趋势。20世纪60年代到70年代中期，南亚夏季风显著偏强；20世纪70年代中后期到21世纪初，南亚夏季风显著偏弱；2004年后南亚夏季风振幅有增大趋势，年际振荡显著。小波分析结果显示，南亚夏季风显著周期是2～3 a振荡，特别是在1976年以前。

高原季风是影响高原及邻近地区气候的重要因素。高原近地层气压场上冬、夏季具有相反性年变化是高原季风最主要的特征之一，在600 hPa高度距平图上表现最为清楚。在高原季风与华西秋雨的关系方面，高原季风的东界大致在110°E附近，中国南方的“秋高气爽”和“秋雨绵绵”两大气候现象的分界线就是高原季风与东南季风的分界线。高原夏季风强年，对应华西降水是多雨年；夏季风弱年，对应华西降水是少雨年。高原季风与长江流域降水显著相关，夏季高原夏季风与长江流域气温呈显著负相关，降水呈显著正相关，冬季高原冬季风与长江上游地区气温呈显著正相关。

近50 a来高原夏季风略呈增强趋势，但在1976年前后，高原季风也发生了年代际的变化。20世纪60年代到70年代中期，高原夏季风先弱后强，振幅较大。20世纪70年代中期后，高原季风振幅明显减弱，以年际振荡为主。小波分析结果也显示出，高原夏季风最显著的周期是准2 a振荡；其次就是20世纪70年代中后期以前的显著8 a振荡。高原夏季风、长江上游夏季气温和降水均存在明显的阶段性变化特征，而且它们的变化趋势有一定联系。高原夏季风、长江上游夏季气温和东、西部降水三者存在共有的显著性振荡周期。不过在各个阶段的时间域上，它们的优势周期及其在频率域上的变化不尽相同。高原夏季风强年，5—6月三峡库区降水随着南亚高压脊线北移而增多，7—8月三峡库区降水减少；高原夏季风弱年，主汛期前期库区降水少，后期降水略有增多。

第4章　三峡库区极端天气气候事件及成因

4.1　2006年夏季川渝高温干旱事件及成因

4.1.1　事件概况

2006年夏季(6—8月)，三峡库区降水较常年同期明显偏少，区域平均降水量仅251.0 mm，较常年同期偏少259.6 mm，是1951年以来降水量最少的年份；气温显著偏高，区域平均气温为29.4 ℃，较常年同期偏高2.6 ℃，是1951年以来气温最高的年份；大部地区日最高气温≥35 ℃的高温日数较常年同期偏多20 d以上，除库区东边的秭归、宜昌两站高温日数分别为23 d和29 d外，库区大部分地区高温日数达40～60 d，较常年同期偏多20～30 d。特别是7月中旬至8月下旬，长江三峡库区遭受罕见的持续高温热浪袭击。重庆大部地区极端最高气温普遍有38～40 ℃，其中重庆市半数以上的地区极端最高气温超过40 ℃；重庆綦江8月15日和9月1日日最高气温达44.5 ℃，是重庆市出现的历史最高气温；重庆全市有70%的气象测站的日最高气温突破历史最高纪录。

2006年夏季重庆地区高温持续时间之长、强度之大均为有气象记录以来历史同期极值。持续少雨加上罕见高温，致使重庆地区发生了百年一遇的特大伏旱。根据2006年8月31日统计，高温干旱造成重庆40个区县全部受灾，农作物受灾面积131.6万 hm^2，绝收32.7万 hm^2，有797.5万人、736.4万头大牲畜出现临时饮水困难，全市因旱直接经济损失66.9亿元，其中农业直接经济损失52.8亿元；受干旱影响，重庆市有三分之二的溪、河断流，3.4万口山坪塘干涸。

4.1.2　事件成因

最新的研究结果指出，自1850年以来，全球平均地表气温呈上升趋势，20世纪升温0.6 ℃左右，其间，尤以1910—1945年(0.14 ℃/10a)和1979—2005年(0.17 ℃/10a)的升温最为明显。中国地表气温变化与全球平均变化趋势基本一致，近百年增暖的幅度也达到了 0.5～0.8 ℃/100a。全球气候变化导致某些极端气候事件发生的频率增加。自 20 世纪 60 年代以后，北半球中高纬陆地地区的极端冷事件(如降温、霜冻)逐渐减少，而极端暖事件(如高温、热浪)的发生频率明显增加。例如，2006 年 7 月欧洲大部分国家、美国西部和东北部、中部和南部地区遭受了持续近 3 周的高温热浪袭击。据美国国家防旱中心公布报告指出，滚滚热浪给农业造成巨大灾害，美国 60%的国土出现本世纪以来罕见的旱情。2003 年夏季欧洲大部地区遭受高温热浪袭击，造成 3 万多人死亡。

中国大部分地区处在北半球中高纬度地区，属于气候变化的敏感区。从重庆地区历史气候的变化特征来看，目前正处于一个偏暖期。重庆市从 1924 年开始进行气温的仪器观测，其年平均气温变化趋势大致经历了暖—冷—暖的三个时期。20 世纪 20 年代中期到 40 年代为偏暖期，其中 20 世纪 20 年代中期到 30 年代中期是最暖的时期，相继出现了 1928，1929，1931 和 1933 年等暖年；20 世纪 50 年代到 90 年代中期为偏冷期，20 世纪 80 年代是 70 多年来平均温度最低的年代；20 世纪 90 年代中期以来又进入一个新的偏暖期，气温累积距平有所增加；进入 21 世纪以来，重庆年平均气温持续偏高，2006 年年平均气温达 19.3 ℃，较常年偏高 1.0 ℃。2006 年夏季重庆、四川发生的严重高温伏旱也是在全球气候变化的大背景下发生的。

重庆是中国高温主要的频发区之一。地形对重庆气候有较大的影响，重庆市大部分地处长江和嘉陵江河谷的川东平行岭谷区，西部是青藏高原大地形，南靠云贵高原，东北、东南地处盆周山地，耸立于重庆正南面的大娄山地形极为陡峭。夏季风盛行时，高空在西太平洋高压控制下，低层东南气流沿山地下滑到低矮河谷地带，出现明显的下沉增温，焚风效应明显，又因热量不易与外界交换，使重庆成为长江流域三大"火炉"之一。重庆夏季的异常高温伏旱，在很大程度上取决于副高的位置和强度。如果夏季受到稳定的副高和青藏高原大地形的影响，则夏季高温异常明显。事实上不仅是重庆，七八月份沿长江河谷的高温，也都是由于地形影响所致：由于长江河谷处于大娄山、七曜山、巫山的北坡，是夏季盛行气流背风下沉增温区，加之闭塞不易散热，这就更增加了沿江河谷干热的程度，形成全国有名的盛夏高温区。

重庆地区历来也是伏旱的高发区。在近 500 a 中重庆市平均 10 a 有 4 a 干旱，19 世纪以后严重伏旱出现频繁。据史料记载，1814—1815 年重庆、巴县大旱，饥民食树皮；1884 年江津、永川、綦江夏秋连月皆旱，百谷无收，米价腾贵，饥民多饿死者。20 世纪以来，严重旱年以 30 年代与 70 年代最多，10 a 中就有 5 a 为旱年。其中，1935—1936 年重庆地区 5—8 月大旱，田禾枯萎，颗粒无收，哀鸿遍野，道殣相望，灾民赖以树根、芭蕉头为食，旱情之惨、灾区之广，为百年所仅见。在 20 世纪的后 40 a，重庆地区伏旱灾害发生频率也高于洪涝的发生频率，60 年代伏旱偏重，10 a 中发生重旱 4 a，一般旱 4 a；70 年代伏旱更重，10 a 中发生严重旱 4 a，强度也高于 60 年代；

80 年代由于气温偏低，降水偏多，干旱程度显著减轻，10 a 中发生一般旱 5 a，基本无旱 5 a。90 年代之后，重庆地区气温偏高，降水没有显著增加，干旱发生的频率增加。

2006 年西太平洋海温比常年偏高 0.5 ℃，副热带地区对流活动明显，副热带高压的位置较常偏北、偏西，尤其是进入 2006 年 8 月以来，副高脊线每日均维持在 27°N 以北，同时西太平洋副高位置也比常年略偏西。副高的这种异常形态，不利于南方的暖湿气流到达西南地区东部。另一方面，受大陆高压稳定控制，川东、重庆上空盛行下沉气流，对流活动受到抑制，致使该地区降水偏少，气温偏高，旱情严重。这种气候状况长时间控制了中国长江中游地区，导致伏天高温天气出现时间较长，对重庆、四川等地区影响十分突出。在 2005/2006 年冬季，青藏高原地区降雪较常年偏少两成左右，积雪面积比常年偏少 10%左右，积雪日数也比常年偏少 10～30 d。作为冷源的青藏高原积雪减少，造成高原热力作用显著，整个冬季高原上空地表气温比常年偏高 2～4 ℃，从而使高原热力作用显著，高原高度场偏高。研究表明，当高原高度场偏高时，后期东亚夏季风将偏强。而高原冬春季积雪偏少，高原春夏季感热加热增强并引起上升运动加强，这样会使感热通量向上输送，加热高原上空对流层，致使高原上空温度与其南侧的温度对比增大，从而也使亚洲季风增强，中国夏季季风雨带位置偏北，而长江流域降水相对偏少。同时夏季青藏高压也比常年偏强，并与副热带高压连接成一个强大的高压带，持续控制重庆市的大部分地区。同时，来自中低层孟加拉湾的水汽通道受大陆高压阻断，使中国西南地区水汽条件不充足，空气湿度偏低，造成干旱少雨。青藏高原热力异常使 2006 年入夏以后，尤其是进入 8 月后，乌拉尔山地区为负位势高度距平，高压脊发展较弱，北方冷空气南下不明显。大气环流比较平稳，冷空气没有南下到西南地区，而是平移到中国东部，造成北京、黄淮、东北等地带今年降雨较频繁。而西南地区南北气流交汇不明显，造成该地区降水偏少。由于气温偏高、降水偏少，因此川东、重庆等地旱情严重。

4.2 2009 年秋冬季西南大旱

4.2.1 事件概况

2009 年 9 月—2010 年 2 月，西南的一些地区如云南、贵州等地受持续高温少雨天气影响，气象干旱发展迅速。持续干旱导致西南部分地区江河湖库蓄水不足，水位降低，对水上航运、水力发电、人畜饮水及农业生产等造成了严重影响，其中云南、贵州、广西、四川等地受干旱影响严重。

2010 年 3 月 21 日气象干旱监测显示，云南大部、贵州大部、广西西部和北部、川西高原南部、湖南西南部等地存在中度以上气象干旱，其中云南中部、北部和东南部、贵州中部和南部、广西西北部等地存在重度以上气象干旱。3 月下旬以来，在云南西部和南部、贵州东部、广西东北部等前期发生气象干旱地区出现 20～50 mm 降水，其中云南西南部降水量有 50～80 mm，但其他地区降水量不足 20 mm。降雨天气使云南大部分地区的干旱有所缓和，西南旱区其余地区的旱情仍然持续或发展(图 4.1)。

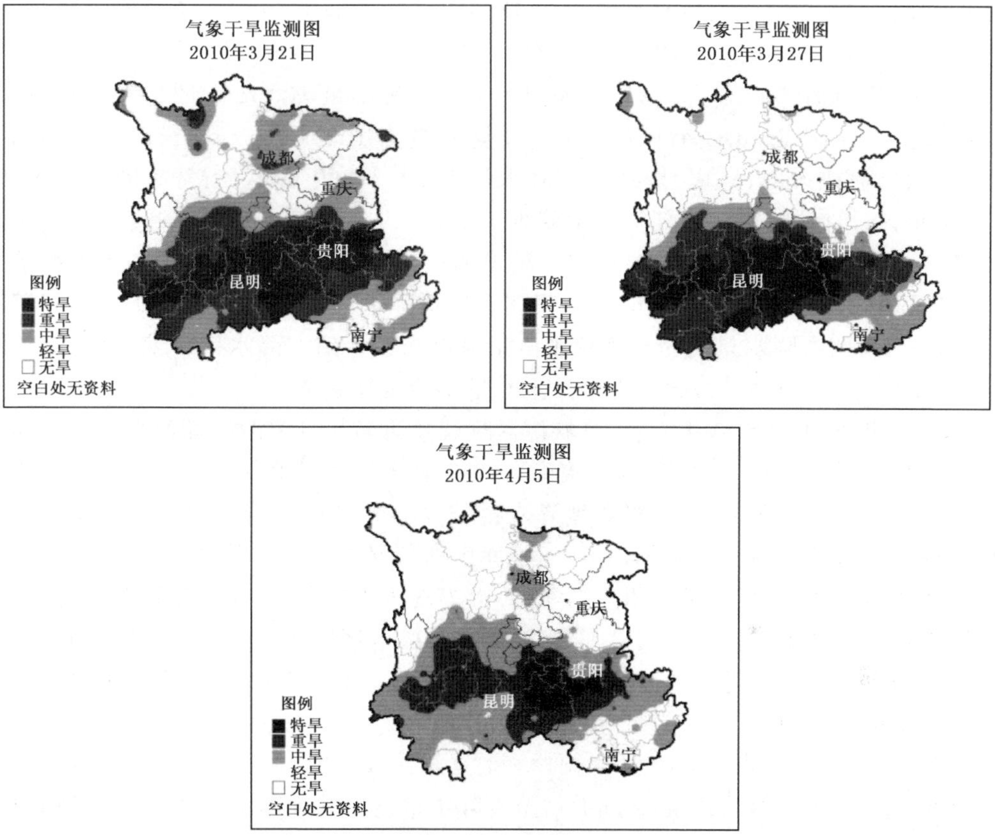

图 4.1　2010 年 3 月 21 日、3 月 27 日、4 月 5 日西南地区气象干旱监测(附彩图 4.1)

根据气象干旱实时监测显示，2009 年秋季至 2009/2010 年冬末，重庆地区降水偏少，三峡库区的部分地区(垫江、武隆、奉节、巫山)出现阶段性气象干旱，但对库区农业生产等并没有造成明显影响，2010 年 3 月以来库区多次出现降水天气，气象干旱解除。

在西南地区旱情迅速发展期间，三峡库区仅在库区西部重庆段的部分地区出现了气象干旱，干旱程度为轻到中度，其中 2 月下旬为库区旱情最严重的时期。三峡库区在 1 月上旬时并无明显气象干旱出现；2 月下旬时受西南地区干旱范围扩大影响，库区西部出现轻到中度气象干旱；3 月下旬时西南地区气象干旱进一步加剧，而库区干旱则随着库区降水天气的出现得以逐渐缓解。库区旱情最严重时期的干旱区主要位于西南大范围旱区的边缘地带，并不是干旱的中心地带，表明库区干旱是受到西南干旱影响，由三峡蓄水导致西南地区出现大范围干旱的观点是不正确的。

秋季以来西南地区高温少雨，2009 年 9 月以来，西南地区大部及广西气温比常年同期偏高 1～2 ℃。云南平均气温为 15.3 ℃，为 1952 年以来历史同期最高；贵州省平均气温为 12.5 ℃，为 1952 年来历史同期第三高值。

2009 年 9 月—2010 年 3 月，云南中东部降水量不足 100 mm，四川西部和南部、贵州西部、云南中部和东南部、广西西北部降水量为 100～200 mm，云南西南部和西北部、四川盆地大部、重庆、贵州东部降水量有 200～300 mm。与常年同期相比，云南、贵州、四川南部、广西北部降水量偏少 3 成以上，其中云南中西部和东部、贵州西南部、广西西北部地区偏少 5～8 成。云南省 2009 年 9 月—2010 年 3 月降水量为 197.6 mm，比常年同期偏少 46.0%；贵州省平均降水量为 171.9 mm，比常年同期偏少 50.5%。两省降水量均为有气象观测记录以来最少值。降水持续偏少，加上气温偏高，土壤水分蒸发加大，导致干旱发生并呈不断发展趋势。

2009 年 9 月—2010 年 2 月，三峡库区气温接近常年，略偏高，而西南云贵大部气温则比常年同期偏高 1～2 ℃。三峡库区大部地区降水量为 200～300 mm，比常年同期偏少 2～3 成，而云南、贵州等地降水量偏少 5～8 成。这些比较表明，在云贵等地出现明显高温少雨的气候条件下，三峡库区的气候并未发生明显异常。

2010 年 3 月以来，前期发生干旱的云贵等地依旧持续高温少雨的天气，而三峡库区出现多次降水。监测表明 3 月以来库区大部地区降水量有 50～100 mm，较常年同期偏多 2～5 成，重庆的部分地区偏多 5 成以上，库区 2009 年秋季以来出现的阶段性干旱得以解除。

从气候上讲，云南 5—10 月为雨季，11 月至次年 4 月为干季。但 2009 年，云南雨季至 8 月下旬就提前结束，9 月上旬全省降水量迅速减少到不足 20 mm，仅相当于常年干季 11 月上旬降水量。从 2009 年 6 月上旬至 2010 年 3 月下旬，云南全省降水量较常年同期累计匮缺近 210 mm，且近 75%的匮缺是在 2009 年 11 月上旬前形成。总体上，2009 年 9 月以来，云南前期降水较常年偏少幅度非常大，后期偏少幅度相对较小，因此前期降水匮缺是引起后期严重干旱的主要原因之一。

2009 年 8 月以来，贵州省降水比常年同期明显偏少，其雨季基本到 8 月中旬就提前结束，9—10 月期间，全省旬平均降水量迅速减少到 30 mm 以下。此后，除个别旬外，其余时段降水量均比常年偏少，且最近 5 个旬的降水偏少幅度明显增大。从 2009 年 6 月上旬至 2010 年 3 月下旬，贵州全省降水量较常年同期累计匮缺超过 260 mm。2009 年西南地区前期降水量偏少，雨季提早结束，河库水塘蓄水不足，干季来临后气温持续明显偏高、水份蒸发量加大，导致严重缺水，干旱发展迅速。

4.2.2 事件原因

西南地区受到青藏高原作用影响较大，2009 年青藏高原区域性增暖明显，高原积雪偏少，导致西南地区冷空气活动少而弱。另外，冬季南方降水主要是南支槽过境引起的。而南支槽常常产生于印缅边境地区。在南支槽的作用下，印度洋的西南暖湿气流在高空流向中国大陆带来降水，2009 年由于青藏高原上空的气压场持续偏强，使得南支槽很弱，印度洋的西南气流无法随南支槽东移影响中国，致使中国西南地区降水所需的水汽严重不足，形成旱情。

2009 年入秋后中国南方干旱区受副热带高压系统控制，整层大气水汽偏少。副热带高压强度偏强且西伸脊点位置偏西。东亚冬季风在其北部源地正常略偏强，但其向南扩展程度较弱，北方冷空气活动路径偏东，很难渗透到云贵高原腹地。因此造成冷暖空气很难在中国西南地区交汇，形成有效降水，造成西南地区出现持续高温少雨天气。

统计分析表明，西南地区的气候对于厄尔尼诺事件的响应时间是半年左右。2009 年夏季热带太平洋发生了 1999 年以来最强的东部型厄尔尼诺事件。东南亚及中国的西南地区为大气环流下沉区，对流活动显著减弱，水汽输送减少，无法在旱区形成有效降水。事实上，2009 年秋冬季，中国的周边国家如菲律宾、泰国、越南等地也遭受了严重旱灾。菲律宾部分地区的干旱是厄尔尼诺现象导致的对流活动减少直接造成的，而中国西南地区以及周边的泰国和越南部分地区的干旱是受厄尔尼诺现象的间接影响，并加上其他因素综合影响导致的。

尽管 2009 年秋冬季北半球出现了一些极端冷事件，但自 1850 年以来，全球平均地表气温和中国地表气温均表现为上升的变化趋势。中国地表气温近百年增暖的幅度达到了 0.5～0.8 ℃/100a。受全球变化及区域增暖的影响，地表蒸发更加显著，必然失去大量水分，由于西南地区降水少，气温高，进一步导致干旱加剧。

另外，西南地区气候变化特征出现了一定程度上的降水减少趋势。联合国政府间气候变化专门委员会第四次评估报告中对未来气候变化预估显示中国西南为降水减少较多的地区。干旱指数未来变化的分析表明，中国区域整体在气温升高引起的蒸发增加背景下，西南干旱现象在加剧。

4.3 2007 年夏季重庆暴雨

4.3.1 事件概况

2007 年 5 月 1 日—7 月 22 日，重庆地区降水时空分布不均，西部地区偏多，暴雨洪涝严重，尤其7月16—22日重庆西部出现强降水过程，降水强度与过程降水量之大为百年不遇。此次降水过程因降水强度和降水量大，地表径流量也大，引发暴雨洪涝灾害，影响广泛、灾情严重。强降水造成城市排水不及，积涝严重；河流水位骤升，高水位运行，城镇受淹；水、陆、空交通受到严重影响；诱发多处地质灾害、地表塌陷；通信、电力线路断线倒杆，设备损坏、通信中断；房屋倒塌、人员伤亡、农田被淹没等。这样的极端强降水事件，给经济社会和人民生命财产带来重大损失。如璧山县城17日境内大部分道路被淹，主要街道积水超过2 m，交通、电力、通信、供水、供气一度中断；沙坪坝陈家桥镇上万名群众被洪水围困。据统计，此次过程造成重庆全市有37个区(县)500多万人受灾，因灾死亡55人，直接经济损失29.8亿元。

2007年入汛以后长江沿线降水较少，但重庆西北地区为丰水区。綦江、丰都、涪陵、南川、江津等地降水量350～400 mm，其余大部地区为440～750 mm，沙坪坝、铜梁、璧山、合川等地800～950 mm。与常年同期相比，多数区站降水量正常略偏少，其中綦江、涪陵、南川等地偏少约2成；但东部城口、开县、巫溪、武隆、彭水等地及渝西北大部地区偏多2～5成。沙坪坝、铜梁、合川、璧山等地降水量偏多8成至1倍，均创历史纪录之最。此外，北碚、城口降水量出现了历史次高值，另有9个区站降水量分居第4～10位。

受高空低槽和西南暖湿气流共同影响，2007年7月16日午后开始重庆西部出现大范围强降水过程，降水强度大，过程降水量多，均创历史纪录新高。7月16—22日西部强降水天气过程，日最大降水量出现在17日，铜梁、璧山降水分别达到179.5 mm和258.0 mm，均为有气象记录以来的最大值，沙坪坝降水量为262.8 mm，为1892年以来的最大值。

2007年7月16日午后至23日08时重庆西部出现强降水天气过程(图4.2)，至23日08时，合川、沙坪坝、璧山、铜梁、巴南、潼南、北碚、渝北、大足、长寿、开县、城口、江津、永川、巫溪、垫江、涪陵、梁平等18个区县过程降水量超过100 mm，合川、沙坪坝、璧山、铜梁、巴南、潼南等6个区县过程降水量超过200 mm，其中，合川(377.3 mm)(图4.3)、沙坪坝(371.9 mm)、璧山(336.6 mm)、铜梁(276.7 mm)超过了该站点历史最大过程降水总量，达到有气象记录以来的最大值图。

利用一日最大降水量序列进行概率分布模型拟合并进行重现期计算，铜梁、璧山、沙坪坝三站出现的日最大降水量的重现期分别为130，150和280 a。另根据区域最大过程降水量序列进行概率分布模型拟合及重现期计算，得到渝西北以及渝西地区此次过程平均降水量的重现期都为150 a。综合分析，本次降水过程主要在渝西地区，过程降水之多，局部降水强度之大，为百年不遇。

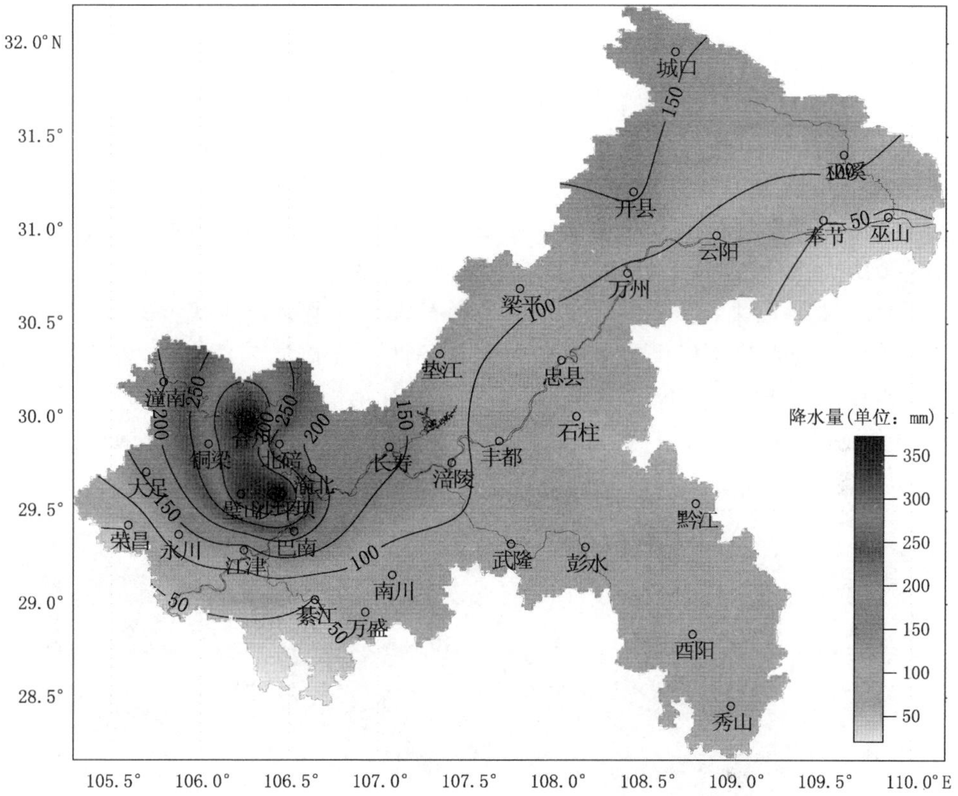

图 4.2　2007 年 7 月 16—22 日重庆市降水量分布(附彩图 4.2)

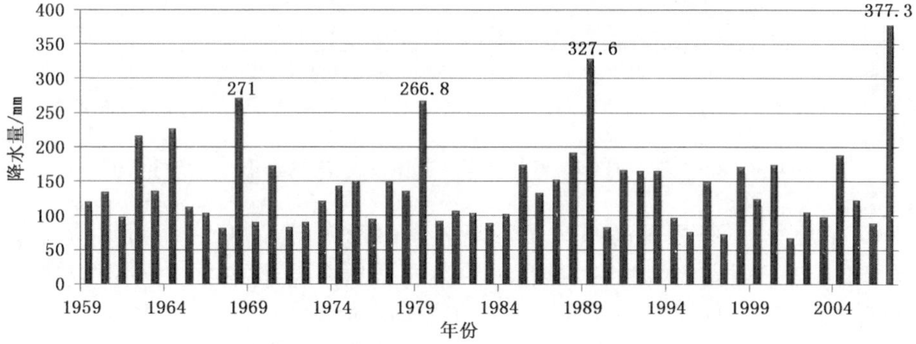

图 4.3　重庆合川历年最大过程降水量变化

4.3.2 事件原因

2007 年入汛以后，高纬度冷空气活动较为频繁，平均而言，鄂霍次克海有高压活动，低槽位于贝加尔湖西侧，槽后西北气流携冷空气分裂南下影响中国。进入 7 月，极地低涡仍然活跃，表明北方冷空气势力依然较强，西西伯利亚东部地区（80°E 附近）和鄂霍次克海均有阻塞高压建立，贝加尔湖低槽位置略东移，系统加深。东西两个阻塞高压的稳定使贝加尔湖低槽位置稳定，槽后不断分裂南下的冷空气可以稳定地直入中国大部地区，从而为大范围的降水创造有利条件。

2007 年夏季以来，中纬度青藏高原东部不断有低值系统生成并东移，为重庆市及其周边地区的强降水提供有利的动力上升条件。尤其是 7 月以来，青藏高原东部有较为明显的低压槽（30°N，108°E 处）活动。7 月第 3 候的低层 850 hPa 平均情况（图 4.4）中清楚地显示西南低涡位于重庆市西部，为该地区强降水提供必要条件。

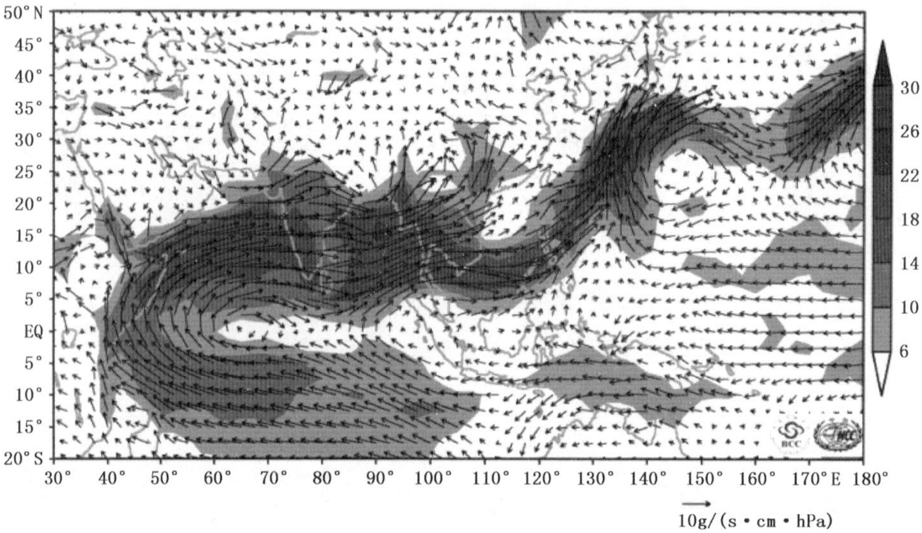

图 4.4 2007 年 7 月第 3 候候平均 850 hPa 水汽输送图（附彩图 4.4）

2007 年夏季，低纬度副高系统呈现东北—西南走向，副高脊线活动情况接近常年平均；进入 7 月副高西端略有北抬，阻挡高原低值系统东移，同时副高脊线活动情况也表明 2007 年 7 月副高活动明显较往年偏弱。

南海夏季风在持续三候偏弱之后，7 月第三候明显增强，远远高出气候平均值，表明南海季风系统活跃，该地区水汽供应充沛。中低层（850 hPa）水汽通道畅通，7 月第 3 候平均而言，中南半岛直到长江中游的广大范围盛行西南气流，风速达低空急流标准，重庆市处在这支急流出口的左前端，恰为强降水落区。

由于高纬度阻塞高压稳定少变，因此亚洲高纬度两脊一槽的形势相对稳定，这使得北方冷源位置稳定；中低纬度高原低值系统东移，受稳定的副高系统阻挡，长时间滞留在川东，为降水提供了较长时段的上升运动条件；低纬度副高呈东北－西南走向，位置偏南偏东，强度偏弱，其西北侧的西南气流有利于南部海面水汽向大陆的输送，南海季风系统活跃，对流活动旺盛，来自孟加拉湾和南海的充沛水汽结合中低层明显的西南风低空急流为强降水区提供必要的热力条件。

4.4　2008年初南方低温雨雪冰冻

4.4.1　事件概况

2008年1月10日至2月2日，中国大部尤其南方地区连续遭受4次低温雨雪冰冻天气过程袭击，其影响范围之广、强度之大、持续时间之长，总体上强度为五十年一遇，其中贵州、湖南等地属百年一遇，为历史罕见。4次天气过程导致降雨(雪)量主要集中在长江中下游、华南大部及云南西北部等地，这些区域的累积降水量达50～100 mm，其中，苏皖南部、江南大部、华南部分地区超过100 mm。与常年同期相比，长江以北大部分地区、江南南部、华南大部及云南西部、西藏东南部及西部等地降水偏多1～2倍，部分地区超过2倍。

2008年1月10日至2月2日中国西北和中东部地区平均气温普遍较常年同期偏低1～4 ℃，湖北中东部、湖南大部、贵州中东部、广西中北部、甘肃大部、宁夏、内蒙古西部、南疆南部等地偏低4 ℃以上。

持续的低温、雨雪、冰冻天气影响范围广。中国除华南、东北及云南等地以外的大部分地区均出现冰冻、雨雪天气。其中，湖南、湖北大部、江西西北部、安徽中南部、贵州中部等地冰冻日数达10～20 d。贵州、湖南、湖北、安徽、江西、广西、重庆、广东、浙江、福建、四川、陕西、江苏、云南、甘肃、河南、青海、西藏、山西、上海等20个省(区、市)先后遭受了低温雨雪冰冻灾害。

持续的低温、雨雪、冰冻天气强度大。1月中下旬，南方大部地区出现剧烈降温，长江以南大部过程最大降温幅度达10～20 ℃，长江中下游地区的最低气温降至－6～0 ℃，日最高气温与最低气温接近。长江中下游(江苏、安徽、湖北、湖南、江西、上海)及贵州平均最低气温较常年偏低，但不是历史最低，然而平均最高气温却异常偏低，较常年同期偏低达5.6 ℃，明显超过1976—1977年，达历史同期最低值。最高气温低这个特点，会使得冰雪白天不容易融化，造成冰冻持续存在。

低温、雨雪、冰冻天气持续时间长。根据对冬季以来(12月1日至2月3日)的同期历史资料分析发现，长江中下游及贵州日平均气温小于1 ℃的最长连续日数仅少于1954—1955年，为历史同期次大值；平均冰冻日数则超过1954—1955年，为历史同期最大值。

持续低温雨雪冰冻灾害给湖南、湖北、安徽、江西、广西、贵州等20个省（区、市）的交通运输、电力传输、通信设施、农业及人民群众生活造成严重影响和损失。据民政部统计，受灾人口达1亿多人，直接经济损失超过1100亿元。

4.4.2 事件原因

自2007年8月，赤道中东太平洋海温进入La Niña状态后迅速发展。至2008年1月，已连续6个月海表温度较常年同期偏低0.5 ℃以上，且2008年1月赤道东太平洋NINO Z指数为−1.52，为此次事件的最低值（图4.5）。进一步分析表明，此次事件前6个月赤道中东太平洋海表温度较常年同期平均偏低1.2 ℃，为1951年有资料记录以来历次La Niña事件前6个月平均强度之最。

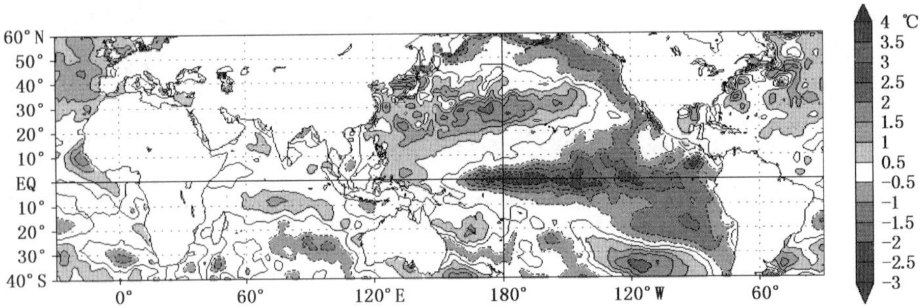

图4.5 2008年1月海温距平值分布（附彩图4.5）

La Niña事件对中国气候有非常重要的影响，对中国冬季气候的影响总体上表现为使气温大范围偏冷。强La Niña事件发生的当年冬季，中纬度大气环流的经向度加强，即冷空气活动频繁，易造成中国北方和东部大部地区气温偏低，长江及其以北地区降水偏多。2008年入冬后中国出现的降水异常分布特征和历史上较强La Niña事件发生后的冬季气候特征非常相似，由此表明La Niña事件是影响中国东部的大范围持续低温、雨雪天气的重要原因之一。

欧亚地区出现罕见、持续而稳定的大气环流异常形势，是大范围低温雨雪冰冻灾害的直接原因。这种大气环流异常形势主要表现在四个方面。首先，2008年1月以来中高纬度欧亚地区的大气环流呈现西（乌拉尔山地区）高东（中亚至蒙古国西部）低的分布特征，这种环流异常型持续了19 d，是多年气候状况平均值（1月气候平均值为6 d）的3倍以上，为1951年以来该环流型持续时间最长的一次。受此影响，冷空气自西北方向沿河西走廊连续不断入侵中国。对历史上1月E型异常偏多的7 a进行合成分析，结果表明 E 型异常偏多的年份，1 月全国气温以大面积偏冷为主，降水正距平区主要集中在长江以北地区，这和 2008 年 1 月已经出现的气温距平及降水距平百分率的实况非常一致。其次，副高偏强偏北，强大副高的位置稳定维持在中国东南侧的海洋上空，并多次向西伸展，副高的异常位置决定了冷暖空气交汇的主要地区位于中国长江中下游及其以南邻近地区，同时其西侧的偏南风也是南方暖湿空气的主要引导气流之一，强大的副高更造成了冷暖空气交汇作用加剧。第三，青藏高原南缘的南支槽活跃，特别是 1 月中旬以来，南支槽活跃程度明显加剧，且强度加强，是近十多年来少有的，促使自西南方向暖湿空气沿云贵高原向中国输送；从南支槽强度（以南支槽所在地区 500 hPa 高度场位势高度区域平均度量）近期演变情况，可以看出，去年秋季曾出现两次相对较为活跃的时段，分别在 9 月的下旬和 11 月中旬，之后南支槽的活动相对减弱。2008 年 1 月中旬以来，南支槽又开始明显的活跃加强过程，其强度明显超过 9 月与 10 月所达到的程度。第四，由于冷暖空气交汇区，暖湿空气在上，在对流层中低层形成稳定的逆温层。监测表明 2008 年 1 月 13 日开始，中国南方地区贵州、湖南、江西等省出现了明显的逆温层，并逐渐加强维持，而逆温层的维持正是大范围冻雨出现的主要原因。

第 5 章 三峡水库蓄水后的气候变化特征

水库是因建造坝、闸、堤、堰等水利工程拦蓄河川径流而形成的水体。水库对气候的影响主要体现在因地表下垫面由陆地改变为水体而带来的热力性质、辐射平衡、热量平衡和表面粗糙度等诸方面的差异对库区及周围的局地小气候所产生的影响。水库对区域气候的可能影响范围从几千米到上百千米不等，主要取决于水库的形状和当地的局地地形。

三峡水库建成蓄水后，一方面，常年水面面积将大大增加，另一方面，库区水位上升，地形的影响将相对减弱。但三峡水库是一个典型的狭长条带型水库，就长江干流而言，从大坝宜昌到库尾重庆，当水库蓄水至 175 m 正常蓄水位时总长度为 663 km，平均宽度为 1576 m，东西长度与南北宽度相比平均大致为 420∶1；如果水位较低时，平均宽度则减为 1000 m 左右，那么，东西长度与南北宽度相比变为 660∶1。河道型水库由于受到两岸高山的影响，一般来说其影响范围较小，而低山丘陵区大型水库影响范围相对较大。

三峡水库为季节调控型水库，夏季为低水位，冬季为高水位运行（图 5.1）。考虑到三峡工程从 1994 年开工至 2003 年时进行了初期蓄水，水位从 70 m 升高至 135 m，因此采用 1971—2000 年的 30 a 气候平均值代表蓄水前的时段，该时期水库水位为 70 m；采用 2010—2013 年的 4 a 平均值代表蓄水后的时段，冬季水库水位高度为 175 m，夏季水库水位高度为 145 m。分别利用观测资料对年、夏季、冬季的气温、降水等进行了蓄水前后的比较，蓄水气候影响的前后时段见表 5.1。

表 5.1 蓄水气候影响的前后时段

时段	蓄水前	蓄水后
年气候影响	1971—2000 年平均值	2010—2013 年平均值
夏季气候影响	1971—2000 年夏季平均值	2010—2013 年夏季平均值
冬季气候影响	1971—2000 年冬季平均值	2010—2013 年冬季平均值
7 月气候影响	1971—2000 年 7 月平均值	2010—2013 年 7 月平均值
1 月气候影响	1971—2000 年 1 月平均值	2010—2013 年 1 月平均值

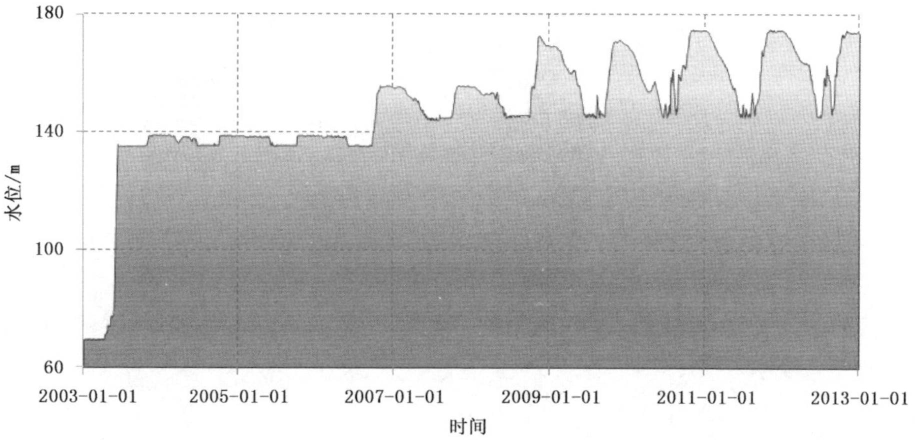

图 5.1　三峡水库蓄水水位变化

5.1　平均气温

蓄水前三峡库区年平均气温为 17.1 ℃，蓄水后上升为 17.4 ℃，蓄水后库区平均增加 0.3 ℃左右，但空间差异较大。蓄水前库区冬季平均气温 7.2 ℃，蓄水后 7.4 ℃，升高 0.2 ℃。蓄水前库区夏季平均气温 26.3 ℃，蓄水后 26.8 ℃，升高 0.5 ℃。

三峡库区蓄水后大部分地区平均气温较蓄水前有所升高，库区增温最明显的区域中心有三个：秭归以东的库区下游、沙坪坝至丰都的库区上游回水末端区以及万州开县的库区中部峡谷区。增温相对不明显的区域亦有三个：坝区以上的巴东地区、云阳奉节段以及忠县附近(图 5.2)。

从库区蓄水后平均气温变化可以看出，库区各地的气温均有不同程度的升高，但受蓄水后水位变化影响库区各地气温变化不同。相比而言，三峡水库沿长江干流各站的平均增温幅度略小于库区其他站点。库区回水末端区域的水位变化不明显，气温增幅相对中部及坝区的气温变化大。库区中部地区水位变化大，蓄水后气温增加小于其他地区，但万州地区属于峡谷区，水位抬升后水面变化不明显，因此气温变化相对大于中部其他地区。另外，受全球气候变化影响，秭归以东的下游区不受水库蓄水影响，但蓄水期其气温增幅大且增温范围大。

为了给出一个水库蓄水变化后对库区气候的定量影响，选取了远离水域和靠近水域的典型代表站，评估其蓄水后气温变化相对差值。由于气温差值已经排除了大气候背景对整个库区的影响，可以近似认为这种近远水域区平均温差的变化是由水

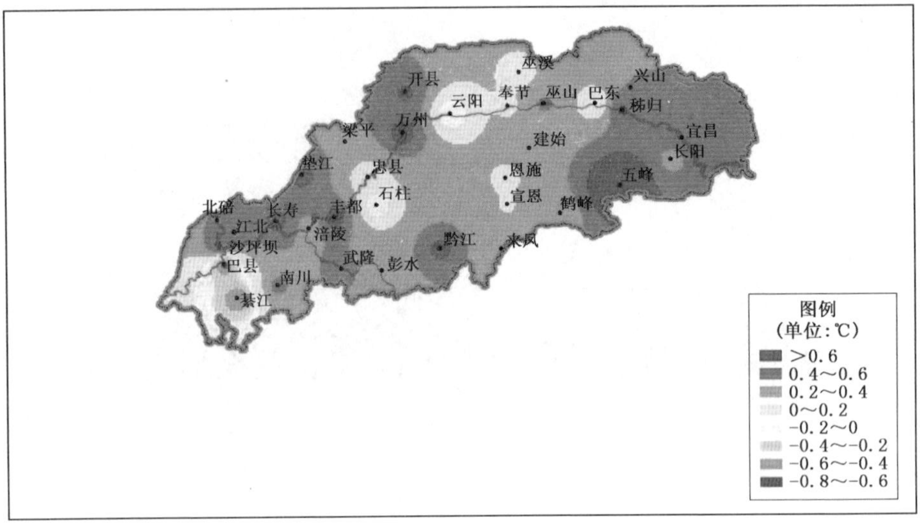

图 5.2 三峡水库蓄水后年平均气温较蓄水前的变化(附彩图 5.2)

域面积增大导致的局地气候上的气温差异。根据各气象站距离水库的远近及气象资料的序列长度,选取靠近水域的站点为巫山、巴东,称之为近水域区;远离水域的站点为巫溪、兴山,距离三峡水库的长江干流约 40 km,称之为北岸远水域区;远离水域的站点建始、恩施,距离水库 50~60 km,称之为南岸远水域区。

从远水域区和近水域区年平均气温的年际变化来看,近水域区年平均气温数值最高,距离三峡水库约 40 km 的兴山和巫溪次之,距离水库 50~60 km 的恩施和建始海拔高度相对偏高,年平均气温值最低。近水域区和南北岸远水域区的年平均气温变化趋势基本一致,表明影响这些地区的气温变化环境基本一致。

将库区所有站和库区长江干流上 12 站分别进行历年平均气温变化的演变比较(图 5.3),可以看到,长江干流站的年平均气温整体上比整个三峡库区平均气温高,

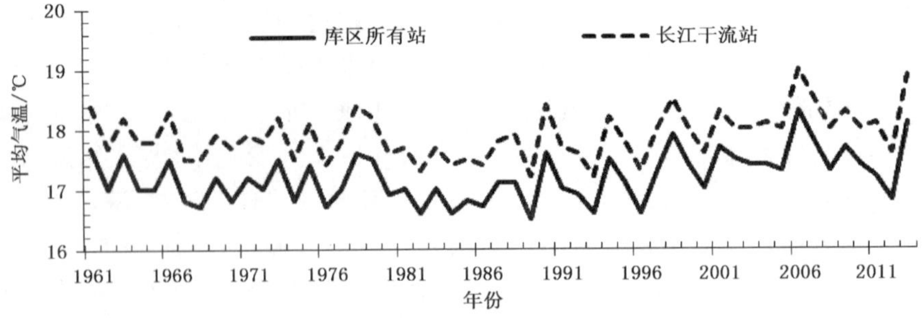

图 5.3 三峡库区所有站和长江干流站年平均气温历年变化

从而反映出库区气温的空间分布差异，即河谷地区高，山地低。同时，根据图 5.3 和表 5.2 也可以看到，库区站和长江干流站的气温变化趋势几乎完全一致。在三峡工程建设蓄水之后，两者的变化趋势并没有发生变化，表明三峡库区蓄水并没有造成库区大范围的气温变化。库区气温的变化主要取决于大环境的温度变化。

表 5.2　库区所有站和长江干流 12 站相关系数

时段	1961—2002 年	1961—2013 年	2003—2013 年	2010—2013 年
相关系数	0.98	0.98	0.98	0.97

图 5.4 和图 5.5 分别反映了近水域区和远水域区的年平均气温历年变化和气温差的历年变化。由图可见，近水域区与北岸远水域区年平均气温差值在 2003 年以后有增加的趋势，与南岸远水域区也存在同样的现象，尤其在 2004 年以后。多年的逐月（1 月和 7 月）气温差值也反映出冬季温差波动加大，但夏季差异不明显；北岸远水域区比南岸远水域区的温差更明显（图 5.5）。

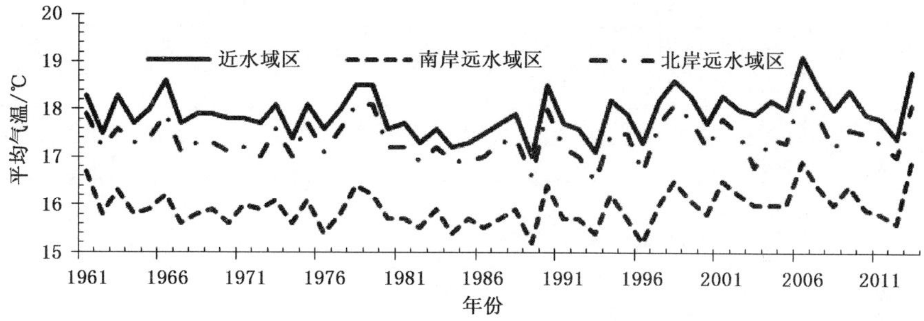

图 5.4　近水域与远水域区年平均气温值的历年变化

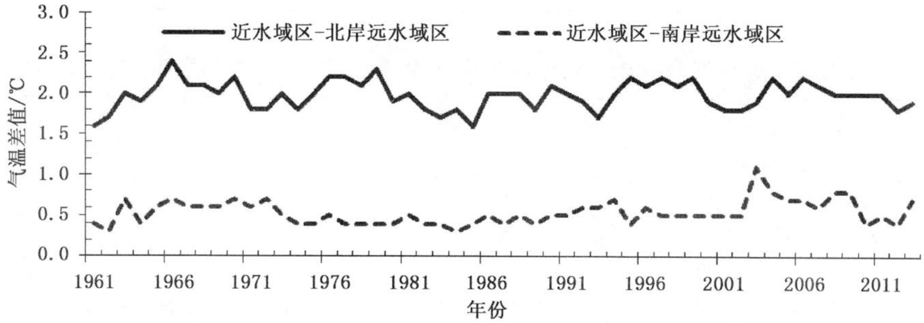

图 5.5　近水域与远水域区年平均气温差值的历年变化

从理论上说，三峡工程建成之后，水库水面地区的部分下垫面由热容量小的陆地变为热容量大的水体后，夏季水面温度低于陆面温度，水库为吸热体，能量从周边向库区的交换得以加强;而冬季由于水面温度高于陆面温度,水库为热源,能量从库区向周边的交换得以加强。由于排除了大气候背景影响,这种近远水域区平均温差突然增强是由水域面积增大,近水域区的站点一定程度上受到水体导致的冬季增温和夏季降温的调节作用,进而形成的水库局地气候效应造成的。但从观测上看,夏季降温效应不明显,年平均气温上总体表现为增温。这可能与气候变暖,气温升高明显有关。

表 5.3~5.6 统计了蓄水前后冬夏两季和 1 月和 7 月近水域区和远水域区平均气温差值。从近水域区与北岸远水域区蓄水前后气温变化对比可以看出,受水域扩大影响,蓄水前近水域区与远水域区夏季地面气温平均温差均为 0.51 ℃,蓄水后两者夏季地面气温平均温差为 0.38 ℃,比蓄水前减小 0.13 ℃;冬季蓄水前为 0.51 ℃,蓄水后为 0.95 ℃,比蓄水前增加 0.44 ℃(表 5.3)。近水域区与南岸远水域区蓄水前后气温表现出相同的变化特点。表现出在邻近水库水域的地区蓄水后冬季升温比远离水域地区大,而夏季邻近水库水域地区气温升高小,表明水库蓄水后会对局地气候产生冬季增温效应,增温幅度约为 0.3~0.5 ℃,夏季有降温效应,降温幅度约为 0.1~0.2 ℃。

表 5.3 近水域区与北岸远水域区蓄水前、后气温变化对比

对比时间	冬季气温差值/℃	夏季气温差值/℃
蓄水前	0.51	0.51
蓄水后	0.95	0.38
变化(蓄水后－蓄水前)	0.44	－0.13

表 5.4 近水域区与南岸远水域区蓄水前、后气温变化对比

对比时间	冬季气温差值/℃	夏季气温差值/℃
蓄水前	1.95	2.02
蓄水后	2.24	1.82
变化(蓄水后－蓄水前)	0.29	－0.20

表 5.5 典型月的近水域区与北岸远水域区蓄水前、后气温变化对比

对比时间	1 月气温差值/℃	7 月气温差值/℃
蓄水前	0.54	0.42
蓄水后	0.98	0.36
变化(蓄水后－蓄水前)	0.44	－0.06

表 5.6 典型月的近水域区与南岸远水域区蓄水前、后气温变化对比

对比时间	1 月气温差值/℃	7 月气温差值/℃
蓄水前	1.84	1.94
蓄水后	2.35	1.76
变化(蓄水后－蓄水前)	0.51	－0.18

然而由于影响局地气候的因素很多，近几十年来城镇化导致的城市热岛效应、全球变暖导致的气温升高等都对包括库区在内的大部分地区造成了明显的影响，使得全球大部分地区的气温均在近百年来有了大幅度升高。加上极端事件不断发生，三峡水库在局地气温方面的调节作用与其他因子的影响作用相比，其对局地气候的影响幅度和影响范围的贡献并不明显。降温的范围仅限于在水库水域范围，距离 20～30 km 以外，气温的调节作用就已经不再明显。

为了进一步得到三峡水库蓄水后在气温方面的影响，采用了基于宾夕法尼亚州立大学/NCAR 的中尺度模式 MM5 的静力平衡版本研制开发的区域气候模式 RegCM3 进行数值模拟试验。该模式在东亚区域多年代际的气候变化模拟中已经广泛应用，并表现出较好的模拟效果。

试验中模式使用标准的参数设置，完成 3 组试验，积分时间均为 1995 年 1 月 1 日至 2007 年 1 月 1 日，总共 12 年整。试验 1 的模拟范围包括整个中国大陆及周边地区，水平分辨率为 50 km。试验 2 中，范围覆盖了三峡水库及周边地区，水平分辨率为 10 km，通过 SUB－BATS 方法，次网格分辨率达到 2 km×2 km。将试验 2 中，三峡水库地区（三峡大坝（宜昌附近）至重庆的长江段）的下垫面替换成水面，作为试验 3。

就空间分布而言，三峡水库下垫面改变引起库区本身气温降低 1 ℃以上。水库本身大部分格点上的气温变化通过了 95%的统计显著性检验，但其他地区变化不显著。库区降温的原因可能是水体表面蒸发加强，带走更多热量造成的。气温的变化由库区邻近水域的地区向外快速递减，实际上，在距离库区水域最近的格点就已经下降为－0.2 ℃。距离水域 10 km 处，气温的变化接近于 0 ℃。

模式模拟的三峡水库下垫面改变后冬季气温变化的幅度与夏季相似，在距离水域 10 多 km 处，气温的影响已经十分微弱。模拟结果从一定程度上反映出模式气候对水面变化后得到的变量差异，也就是说三峡水库对附近气候有一定影响，但影响范围最大不超过 20 km，水库仅对水面上方的气温有明显降低作用，对水面以外的气温影响迅速衰减，紧邻水体的陆地降温仅有 0.1 ℃。

全球正在经历以气温升高为显著特征的气候变化。世界气象组织数据显示，全球有气象记录以来最暖的 14 a 中，有 13 a 都出现在 21 世纪，其中最暖年份为 2010 年和 2005 年，其全球温度约高出长期平均值 0.55 ℃。2013 年是有现代气象记录以来的十个最暖年份之一，与 2007 年并列为第六最暖年。厄尔尼诺现象和拉尼娜现象是影响气候系统的主要自然变量，但 2013 年全球均未发生上述这两种现象。2013 年全球气温与长期以来气候变暖的趋势相一致，虽然变暖的速率不同，但潜在趋势不容置疑。考虑到目前温室气体排放量，全球气温在未来还将长期持续上升。

另外，三峡库区建成蓄水后，正值全球变暖的气候变化发生最为明显的时期，因此无论水库蓄水是否对局地产生了气温调节作用，库区整体的气温变化总是处于大背景的变化之内。尽管水库蓄水后会对周边地区产生冬季增温，夏季降温的局地气候效应，但影响范围有限，且库区整体的气温变化仍以上升为主。

5.2 最高气温

三峡库区的高温天气在4—10月均可出现，但主要分布在6—9月，其中7—8月出现频次最高，约占年高温日数总和的50%。高温是三峡库区夏季主要气象灾害之一。三峡库区蓄水前平均最高气温32.3 ℃，蓄水后为33.7 ℃，升高1.4 ℃。

图5.6和图5.7分别给出了蓄水前后三峡库区夏季平均最高气温的空间分布。蓄水前，库区平均最高气温空间分布总体上呈现由东南向西北增加，万州至云阳、巫山至秭归为两个相对高值区，平均最高气温超过32 ℃。蓄水后，库区夏季平均最高气温整体要高于蓄水前，除去南部山区个别地方的平均最高气温为31～32 ℃外，其余大部地区的最高气温均超过32 ℃。其中库区中部地区的万州至巫山夏季的平均最高气温可达33～34 ℃，局部地区更高。蓄水后，各站平均最高气温增加的幅度在1～2 ℃。7月平均最高气温的变化与夏季平均最高气温变化情况相同，见表5.7。

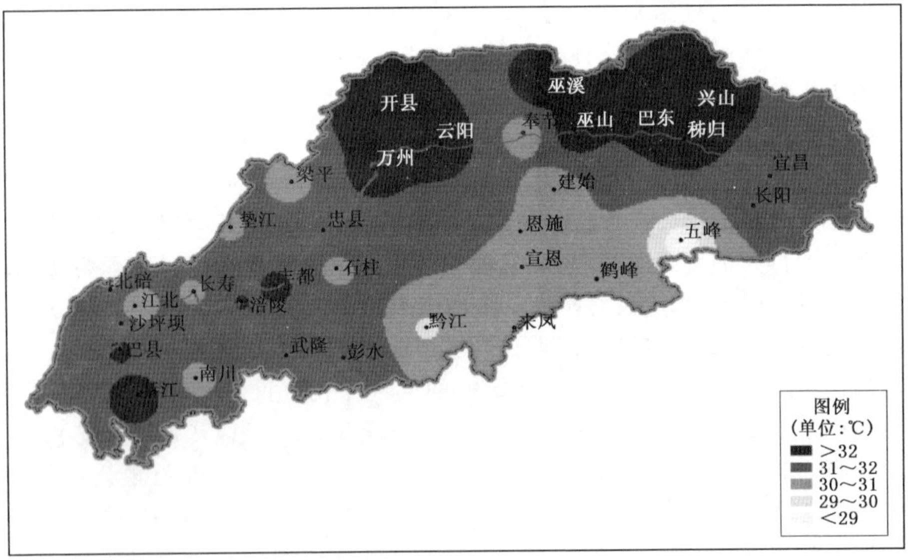

图5.6　三峡库区蓄水前夏季平均最高气温分布(附彩图5.6)

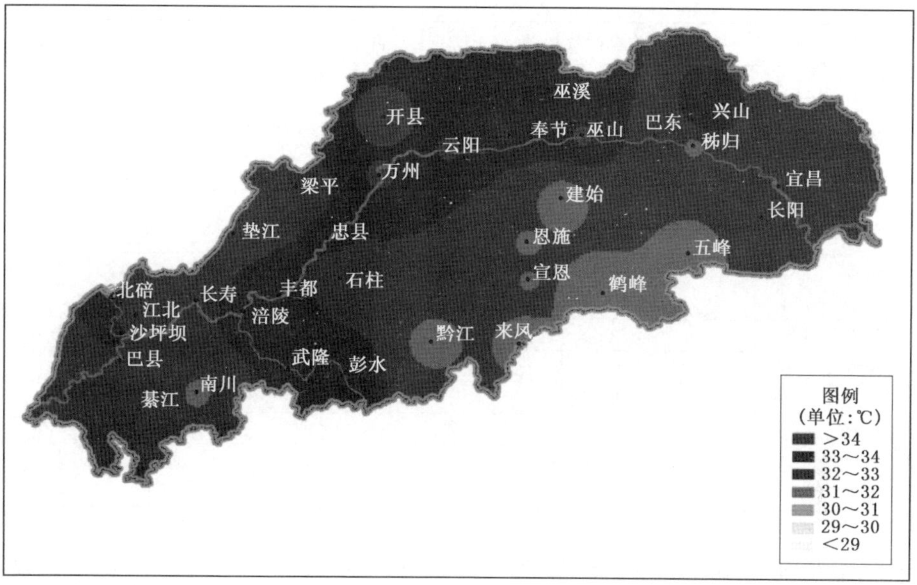

图 5.7 三峡库区蓄水后夏季平均最高气温分布(附彩图 5.7)

表 5.7 三峡库区蓄水前后 7 月平均最高气温及其差值(单位:℃)

站名	蓄水前最高气温值	蓄水后最高气温值	差值
开县	33.7	35.3	1.6
云阳	33.7	35.1	1.4
巫溪	33.1	34.1	1.0
奉节	31.0	32.2	1.2
巫山	33.5	34.8	1.3
巴东	33.0	33.6	0.6
秭归	33.8	34.8	1.0
兴山	33.7	34.5	0.8
垫江	31.7	33.5	1.8
梁平	31.3	33.1	1.8
万州	33.3	35.1	1.8
忠县	32.9	34.3	1.4
石柱	31.6	33.4	1.8
建始	30.8	31.7	0.9
恩施	31.6	32.5	0.9
五峰	29.2	31.9	2.7
宜昌	32.3	34.0	1.7
长阳	32.3	34.0	1.7
北碚	32.8	34.4	1.6

续表

站名	蓄水前最高气温值	蓄水后最高气温值	差值
渝北	31.1	33.2	2.1
沙坪坝	32.8	34.7	1.9
巴南	33.1	33.2	0.1
南川	31.8	33.0	1.4
长寿	31.7	34.0	2.3
涪陵	33.0	34.6	1.6
丰都	33.3	35.0	1.7
武隆	32.1	34.5	2.4
黔江	30.5	32.2	1.7
彭水	32.9	34.8	1.9
宣恩	31.3	32.6	1.3
鹤峰	31.2	31.7	0.5
来凤	30.9	32.5	1.6
綦江	33.5	34.2	0.7

日极端最高气温因受天气过程影响更多，变化则更为复杂，见表5.8。蓄水前后极端最高气温的变化差异较大，无明显规律。

表5.8　三峡库区蓄水前后极端最高气温值和出现日期

站名	蓄水前最高气温值/℃	蓄水前最高气温出现日期	蓄水后最高气温值/℃	蓄水后最高气温出现日期	差值/℃
开县	41.7	1994-08-05	42.4	2010-08-11	0.7
云阳	42.9	1994-08-05	42.8	2010-08-11	−0.1
巫溪	42.8	1994-08-13	41.1	2012-08-12	−1.7
奉节	39.6	1972-08-27	41.9	2013-08-17	2.3
巫山	41.7	1997-08-31	39.7	2013-08-11	−2.0
巴东	41.6	1981-08-06	39.6	2010-07-01	−2.0
秭归	41.7	1971-07-26 1990-08-22 1994-08-03	41.1	2013-07-28	−0.6
兴山	42.2	1988-07-19	41.0	2010-08-11	−1.2
垫江	40.6	1972-08-27	40.4	2010-08-11	−0.2
梁平	39.3	1994-08-05	42.1	2010-08-11	2.8
万州	42.1	1972-08-26	42.2	2010-08-11	0.1
忠县	42.1	1972-08-26	42.0	2013-07-31	−0.1
石柱	39.6	1972-08-27	37.4	2013-07-13	−2.2
建始	39.4	1971-06-01	38.2	2013-08-11	−1.2
恩施	40.3	1971-07-21	40.2	2013-08-11	−0.1
五峰	38.4	1997-08-31	40.1	2010-07-01	1.7

续表

站名	蓄水前最高气温值/℃	蓄水前最高气温出现日期	蓄水后最高气温值/℃	蓄水后最高气温出现日期	差值/℃
宜昌	40.4	1971-07-26	40.6	2010-07-01	0.2
长阳	40.9	1972-08-25	42.4	2011-08-17	1.5
北碚	42.1	1972-08-27	40.4	2011-08-18	−1.7
渝北	40.0	1992-08-10	42.7	2011-08-17	2.7
沙坪坝	41.7	1992-08-08	42.7	2011-08-17	1.0
巴南	41.8	1992-08-09	39.9	2010-08-10	−1.9
南川	39.8	1972-08-26	39.9	2010-06-01	0.1
长寿	40.4	1992-08-11	41.2	2011-08-11	0.8
涪陵	42.2	1972-08-26	42.4	2010-08-10	0.2
丰都	43.5	1972-08-26	42.4	2011-08-16	−1.1
武隆	41.7	1971-07-21	41.8	2014-07-14	0.1
黔江	38.6	1971-07-26/ 1971-07-27	38.5	2010-08-05	−0.1
彭水	43.3	1971-07-27	41.6	2013-07-31	−1.7
宣恩	39.6	1971-07-26/ 1971-07-27	39.5	2010-08-05	−0.1
鹤峰	40.0	1971-07-26	37.5	2010-08-05	−2.5
来凤	38.9	1971-07-26	38.8	2013-08-10/ 2013-08-11	−0.1
綦江	42.2	1972-08-27	41.7	2010-08-10/ 2010-08-13	−0.5

5.3　最低气温

三峡库区的低温天气在冬季可出现。图 5.8 和图 5.9 给出了蓄水前后三峡库区冬季平均最低气温的空间分布。蓄水前库区冬季平均最低气温为 4.8 ℃，空间分布与平均气温和最高气温一致，由东南向西北增加。蓄水后，库区冬季平均最低气温为 4.9 ℃，比蓄水前高 0.1 ℃。

三峡库区各站冬季平均最低气温蓄水前后变化情况见表 5.9，1 月平均最低气温的变化见表 5.10。蓄水前后极端最低气温的变化较为复杂，也无明显规律。

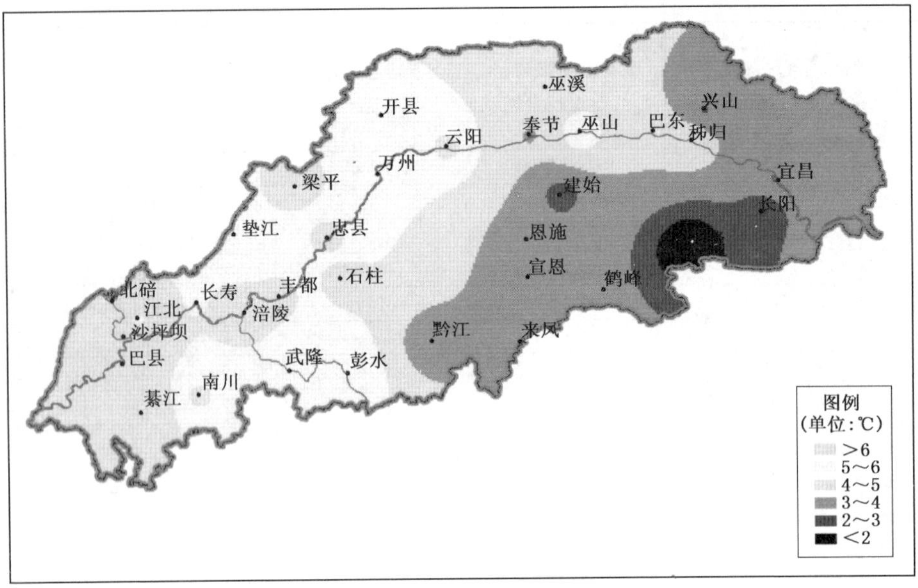

图 5.8 三峡库区蓄水前冬季平均最低气温分布(附彩图 5.8)

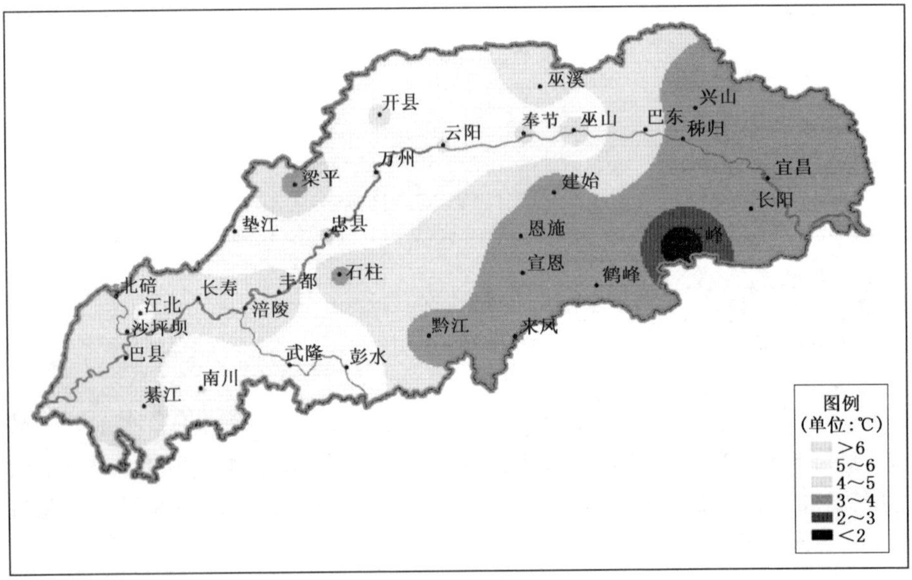

图 5.9 三峡库区蓄水后冬季平均最低气温分布(附彩图 5.9)

表 5.9　三峡库区蓄水前后冬季平均最低气温及其差值(单位:℃)

站名	蓄水前最低气温值	蓄水后最低气温值	差值
开县	5.3	6.1	0.8
云阳	6.2	6.1	−0.1
巫溪	4.6	4.5	−0.1
奉节	6.0	6.2	0.2
巫山	5.7	6.6	0.9
巴东	4.4	4.6	0.2
秭归	4.9	5.2	0.3
兴山	3.0	3.3	0.3
垫江	5.0	5.2	0.2
梁平	4.3	3.6	−0.7
万州	5.6	6.0	0.4
忠县	6.5	6.1	−0.4
石柱	4.3	3.7	−0.6
建始	2.6	3.0	0.4
恩施	3.6	3.7	0.1
五峰	0.1	1.2	1.1
宜昌	3.2	3.3	0.1
长阳	2.8	3.1	0.3
北碚	6.7	6.4	−0.3
渝北	5.9	5.9	0.0
沙坪坝	7.0	7.3	0.3
巴南	7.2	6.1	−1.1
南川	4.8	5.0	0.2
长寿	6.0	6.2	0.2
涪陵	6.7	6.9	0.2
丰都	6.4	6.8	0.4
武隆	5.5	5.9	0.4
黔江	3.1	3.5	0.4
彭水	5.8	5.6	−0.2
宣恩	3.2	3.4	0.2
鹤峰	3.0	3.4	0.4
来凤	3.0	3.0	0.0
綦江	7.3	6.3	−1.0

表 5.10 三峡库区蓄水前后 1 月平均最低气温及其差值(单位:℃)

站名	蓄水前最低气温值	蓄水后最低气温值	差值
开县	4.2	4.7	0.5
云阳	5.2	4.8	−0.4
巫溪	3.6	3.1	−0.5
奉节	4.9	5.0	0.1
巫山	4.6	5.3	0.7
巴东	3.2	3.3	0.1
秭归	3.6	3.6	0.0
兴山	1.9	1.8	−0.1
垫江	4.0	3.9	−0.1
梁平	3.3	2.4	−0.9
万州	4.5	4.7	0.2
忠县	5.5	4.8	−0.7
石柱	3.3	2.3	−1.0
建始	1.6	1.7	0.1
恩施	2.6	2.1	−0.5
五峰	−1.0	−0.3	0.7
宜昌	2.0	1.7	−0.3
长阳	1.6	1.5	−0.1
北碚	5.6	5.0	−0.6
渝北	4.9	4.4	−0.5
沙坪坝	6.0	5.8	−0.2
巴南	6.2	4.6	−1.6
南川	3.8	3.4	−0.4
长寿	5.0	4.8	−0.2
涪陵	5.7	5.4	−0.3
丰都	5.4	5.5	0.1
武隆	4.6	4.3	−0.3
黔江	2.2	1.8	−0.4
彭水	4.9	4.0	−0.9
宣恩	2.2	1.9	−0.3
鹤峰	2.0	1.9	−0.1
来凤	2.0	1.3	−0.7
綦江	6.4	4.7	−1.7

5.4 降水

三峡库区汛期(4—9 月)降水量约占全年降水量的 87%。三峡工程建成后汛期降水变化与全年降水的变化基本相同。非汛期降水量较少,仅占全年降水量 13%。对比分析库区沿江平均年降水量与库区所有站点平均年降水量的历年变化发现,库区沿江各站年平均降水量与库区各站平均降水量两者的变化趋势基本一致。

蓄水前库区年平均降水量 1207 mm，蓄水后 1092 mm，减少 115 mm。库区蓄水后三峡大部分测站的年降水量与蓄水前相比均有不同程度的减少。蓄水后库区东段万州至宜昌段的年降水量偏少 50～100 mm，偏少量略小于库区西段，库区西段偏少量则约为 100～150 mm。局部地区包括沙坪坝、长寿、涪陵、忠县等地减少量超过 150 mm(图 5.10)。

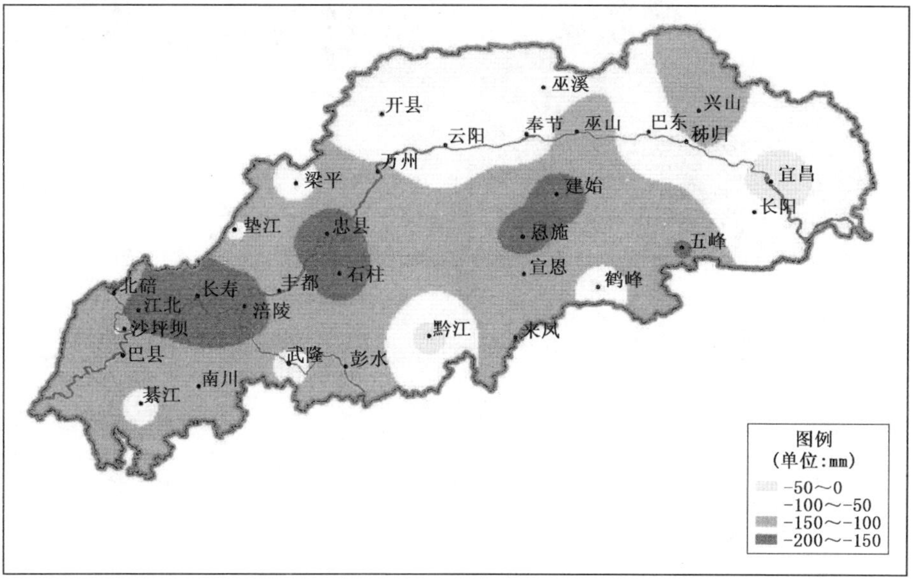

图 5.10　三峡水库蓄水前后各站年降水量变化对比(附彩图 5.10)

三峡库区大部分地区年降水量 1000～1300 mm，空间上自西向东呈多—少—多的分布格局，沿江河谷少雨，外围山地逐渐增多。夏季是全年降水最多的季节，季降水量占全年降水量的比例接近 50%。

蓄水后，夏季的水位高度在 145 m 左右，是库区低水位时期。图 5.11 给出了蓄水后夏季降水与蓄水前夏季降水的变化。可以看出，夏季降水变化的空间分布型与年降水量变化的空间分布型基本一致，呈现出东部少西部多的变化特征。

将库区所有测站和库区长江干流上 12 测站分别进行历年降水量变化的演变比较(图 5.12)，可以看到，长江干流站的年降水量整体上比三峡库区平均年降水量少，从而反映出库区降水的空间分布差异，即河谷地区降水少，周围山地降水多。库区所有测站和长江干流站的降水变化趋势几乎完全一致。在三峡工程建设蓄水之后，两者的变化趋势并没有发生变化。但 2010—2013 年以来，两者的降水量相关系数值有所降低，考虑到降水量的年际波动大，还需要更长时间的监测统计(表 5.11)。

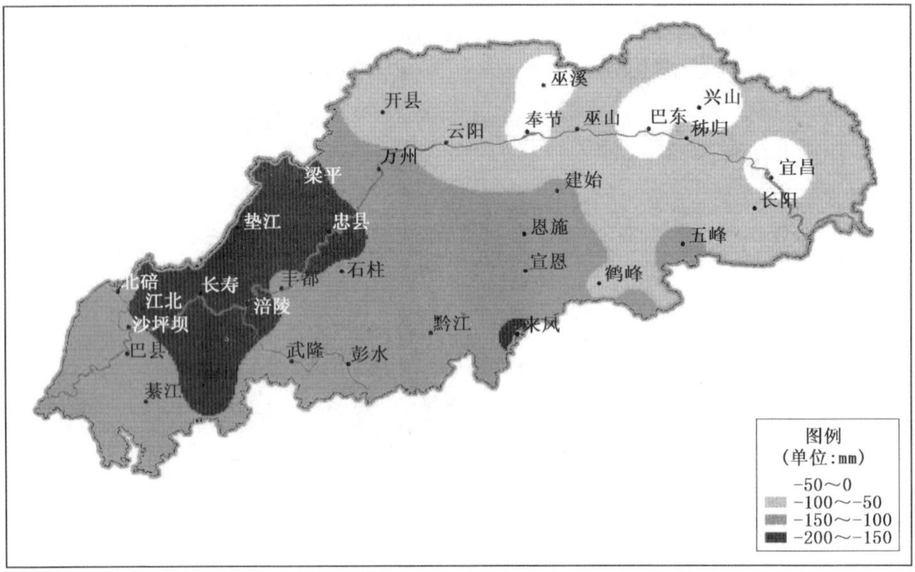

图 5.11 三峡水库蓄水前后夏季降水量变化对比(附彩图 5.11)

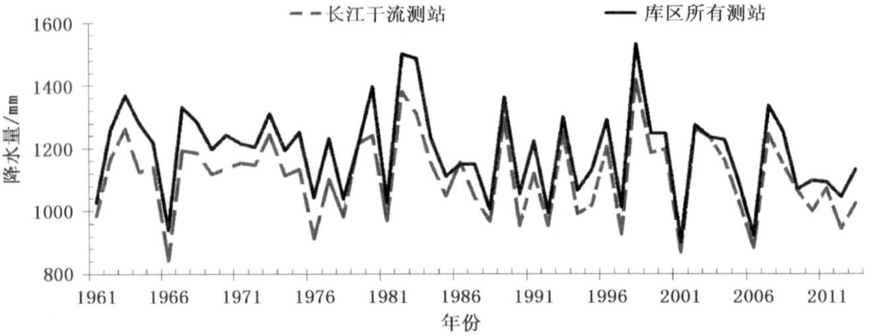

图 5.12 三峡库区所有测站和长江干流测站平均年降水量历年变化

表 5.11 库区所有站和长江干流 12 站平均年降水量的相关系数

时段	1961—2002 年	1961—2013 年	2003—2013 年	2010—2013 年
相关系数	0.96	0.96	0.94	0.64

降水与气温不同，除了受到大的天气系统影响外，也在很大程度上受到局地因素的影响，因此本次调查采用近水域区、远水域区两个区域的降水量比值比较法，去除

大尺度变化的影响并得到一个相对稳定的比值变化，给出近水域区和远水域区年降水量的历年变化曲线（图 5.13）。可以看到近库区降水量和远库区的降水量的变化趋势一致，相关系数达到 80%以上。

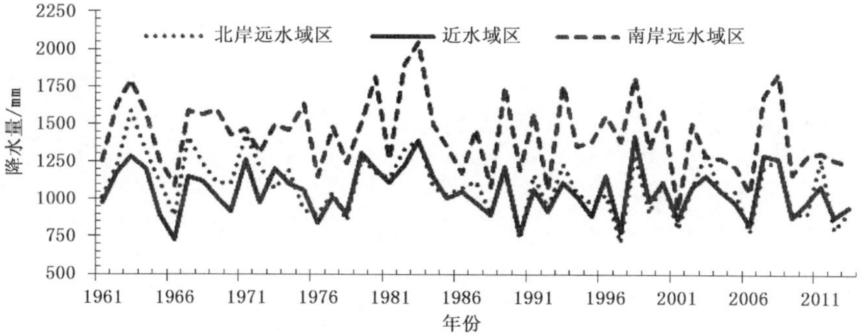

图 5.13　近水域区与远水域区年降水量历年变化

恩施、建始地区由于地处山区，海拔较其他两个地区略高，因此年平均降水量为三个地区中最大。近库区和远库区年降水量比值的历年变化曲线显示（图 5.14），2004 年以后的比值都没有明显的变化，与前几年相比，其波动都仍位于年代际变化周期中。

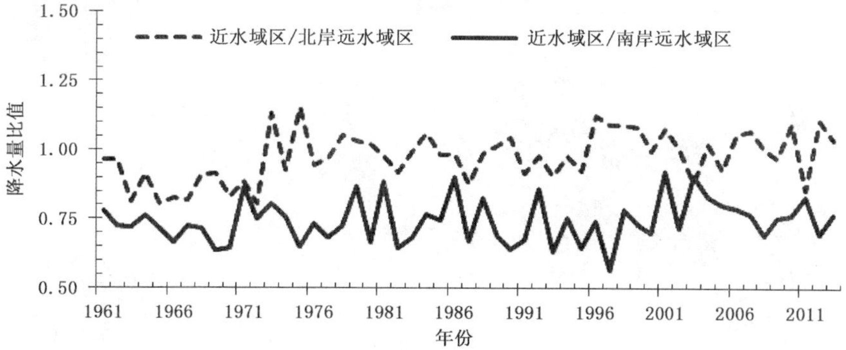

图 5.14　三峡库区近水域区与远水域区年降水量的比值历年变化

观测分析表明库区降水趋势与西南地区的平均年降水量变化趋势基本一致。三峡地区降水变化在很大程度上受到西南区域大环流气候背景影响，目前测站观测分析中尚未发现水库对降水的明显影响。

三峡工程环评报告书中指出，蓄水后库区附近范围内降水的时空分布会略有差异。夏季由于水面温度较岸边低，水面上空的气流相对稳定，降水量可能会有所变化。但由于夏季水库水位处于最低，水面变化最小，影响不会很大。在其他季节，尽管水面会相对更大一些，但降水少，对全年的降水影响更小。因此，工程建成蓄水后，对附近的降水总量影响很小。

利用数值模拟进行试验对比分析，表明水库蓄水对夏季的降水影响比其他季节大，并使得库区水体上空的降水减少，随后向外影响逐渐减少，10 km 处减少到 3%，20 km处减少为 1%。也就是说，水库蓄水对夏季影响较大，影响尺度在局地范围(20 km以内)，对更大尺度的气候影响甚微。

5.5　风

蓄水后，三峡库区风速比蓄水前略有增加。从 2010—2013 年蓄水后 4 a 与蓄水前的三峡库区年平均风速变化差值的空间分布来看，蓄水后库区大部分地区年平均风速与前期相比已经开始出现增大的变化趋势，与蓄水前相比风速增大 0.1 m/s 以上(图 5.15)。

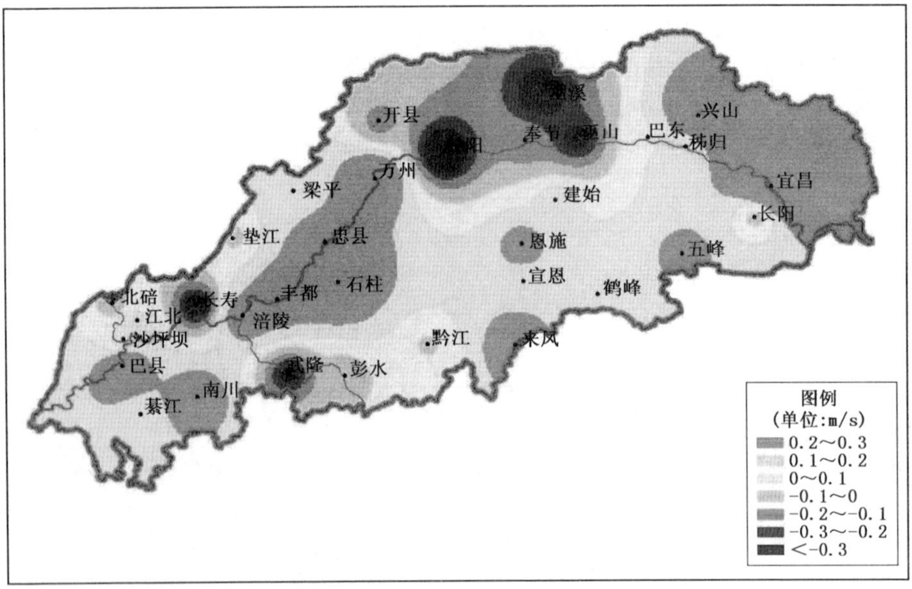

图 5.15　三峡水库蓄水后年平均风速变化对比(附彩图 5.15)

选择三峡库区附近的 6 个站点(沙坪坝、涪陵、忠县、万州、巫山、宜昌)作为近水域区的代表站，同时在有观测资料的现有站点中，在库区的南、北两岸相应地选择 6 个站点(南岸：綦江、武隆、石柱、建始、黔江、长阳，北岸：北碚、垫江、梁平、开县、巫溪、兴山)共 12 个站点作为远水域区的代表站。考虑到水库蓄水之后,库区大部分地区的气象观测台站有过搬迁。而风速的测量对周边观测环境的变化非常敏感,因此,风速的分析结果仅能作为一种参考结论,还不能说明库区蓄水后风是否已经出现了趋势性的变化特征。

将近水域区平均风速与远水域区的平均风速之差作为水库对风速影响的气候影响,给出了 1961—2013 年三峡库区近水域区和远水域区平均风速之差的历年变化(图 5.16)。由图可见,虽然风速差在 2000 年以来出现了下降的年代际变化趋势,但自 2003 年初期蓄水以来,近水域区与远水域区的平均风速之差出现了上升变化,而在近 3 a 中更为明显。这说明水库蓄水后,近水域区的风速相对于远水域区的风速而言有增大的趋势。

图 5.16　近水域区与远水域区平均风速差历年变化

5.6　相对湿度

三峡库区总体来说相对湿度大,特别是库区西段万州至重庆段的年平均相对湿度整体较高,大部分测站的年平均相对湿度为 80%左右,奉节至秭归段为 68%～71%,宜昌所在的东段为 75%左右。库区整体东西向呈现两头大、中间小且西高东低的格局。

从三峡水库蓄水前后库区平均相对湿度变化的分布图来看(图 5.17),蓄水后库区大部地区年平均相对湿度比蓄水前减少 1%～4%,库区东部地区减少幅度小于西部地区。

受全球变化影响,库区各地的气温都有不同程度的升高。气温升高在一定程度

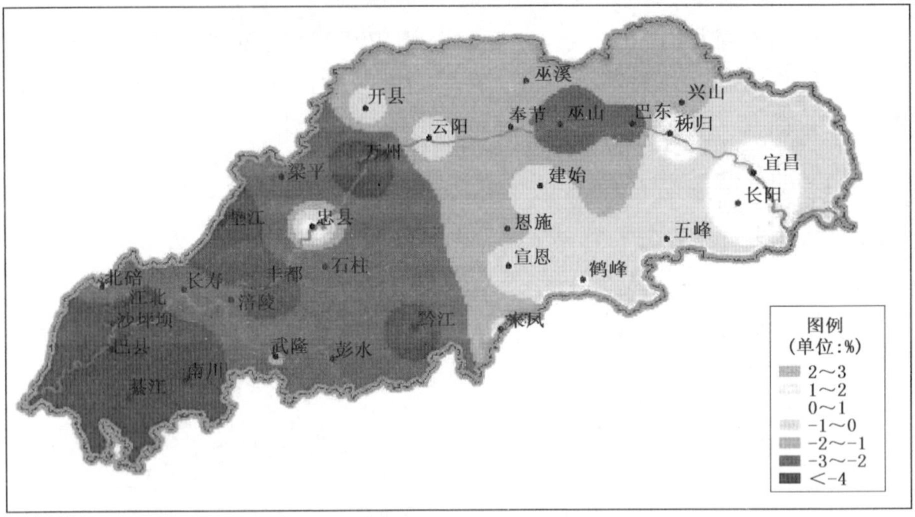

图 5.17 三峡水库蓄水前后库区相对湿度变化对比(附彩图 5.17)

上导致了库区相对湿度下降,尽管水面抬升后会使得水体附近的相对湿度略有增加,但总体上与蓄水前相比仍呈现出下降趋势。由于水库蓄水后水面变化在库区东部比较大,而西部地区的水位抬升相对小,水面变化小,因此库区东部受水体变化导致的相对湿度减小略明显于库区西部。

从四季的结果来看,蓄水后库区各季的相对湿度与年平均相对湿度变化一致,均有不同程度的减少。

5.7 雾

三峡库区长江与嘉陵江流经区域附近的站点多年平均雾日数大于距离两江水域较远的站点,雾日高值区集中于重庆地区中部和西南部。平均雾日最高值出现在重庆中部的涪陵和长寿,年平均雾日达 72.4 d 和 72.9 d;最低值出现在秭归,年平均雾日仅 1.4 d。雾日分布总体上呈现由东向西、由北向南先增加后减少的趋势。

三峡库区年平均轻雾日的空间分布与雾日的分布基本相同,大值区集中在中部与西部,东北部与东南部相对较少。

就三峡库区而言,其蓄水前的年雾、轻雾日数平均分别为 38.2 d 和 219.5 d,蓄水后为 21.1 d 和 221.9 d,雾日比蓄水前减少 17.1 d,轻雾日比蓄水前增加 2.4 d。从表 5.12 中可以看到,蓄水之后,库区大部分地区的雾日较蓄水前均有明显减少。平均轻雾日虽比蓄水前略有增多,但多数地区的轻雾日也有较大幅度的减少(表 5.13)。

表 5.12　三峡库区各站蓄水前后年雾日变化（单位:d）

站名	蓄水前年雾日	蓄水后年雾日	蓄水前后年雾日变化
开县	45.8	2.0	−43.8
云阳	6.8	3.8	−3.0
巫溪	13.5	5.8	−7.7
奉节	26.5	5.3	−21.2
巫山	9.6	2.0	−7.6
巴东	37.2	28.8	−8.4
秭归	1.4	5.5	4.1
兴山	10.5	3.5	−7.0
垫江	58.4	10.0	−48.4
梁平	51.6	22.3	−29.3
万州	52.6	11.0	−41.6
忠县	56.4	24.8	−31.6
石柱	16.3	9.8	−6.5
建始	40.7	30.8	−10.1
恩施	67.1	22.3	−44.8
五峰	49.3	2.0	−47.3
宜昌	22.4	21.5	−0.9
长阳	39.6	35.3	−4.3
北碚	65.8	10.8	−55.0
渝北	33.9	39.5	5.6
沙坪坝	44.7	28.5	−16.2
巴南	42.1	90.5	48.4
南川	40.4	47.0	6.6
长寿	72.9	40.3	−32.6
涪陵	72.4	36.8	−35.6
丰都	52.7	16.5	−36.2
武隆	49.7	4.8	−44.9
黔江	35.9	16.3	−19.6
彭水	17.5	2.3	−15.2
宣恩	38	9.8	−28.2
鹤峰	13	3.0	−10.0
来凤	49.5	32.0	−17.5
綦江	26.4	74.0	47.6

表 5.13 三峡库区各站蓄水前后年轻雾日变化（单位:d）

站名	蓄水前年轻雾日	蓄水后年轻雾日	蓄水前后年轻雾变化
开县	227.6	201.0	−26.6
云阳	125.1	242.3	117.2
巫溪	77.9	80.8	2.9
奉节	46.4	144.8	98.4
巫山	96.3	55.0	−41.3
巴东	84.3	147.5	63.2
秭归	106.2	201.0	94.8
兴山	131.0	142.3	11.3
垫江	326.9	214.0	−112.9
梁平	264.8	297.3	32.5
万州	256.3	227.3	−29.0
忠县	249.3	203.8	−45.5
石柱	217.5	119.8	−97.7
建始	229.1	344.3	115.2
恩施	226.6	140.3	−86.3
五峰	50.8	146.0	95.2
宜昌	268.0	243.3	−24.7
长阳	191.2	215.5	24.3
北碚	340.6	325.3	−15.3
渝北	249.3	264.5	15.2
沙坪坝	356.4	308.5	−47.9
巴南	318.3	297.8	−20.5
南川	284.8	252.5	−32.3
长寿	292.2	321.3	29.1
涪陵	305.5	304.0	−1.5
丰都	247.5	220.3	−27.2
武隆	249.7	177.5	−72.2
黔江	150.8	175.0	24.2
彭水	258.7	248.3	−10.4
宣恩	246.9	295.5	48.6
鹤峰	179.0	196.3	17.3
来凤	309.5	286.3	−23.2
綦江	280.3	283.3	3.0

水汽是雾形成的一个重要条件，因而湿度的变化是影响雾发生的一个重要原因。由相对湿度的分析可知，20 世纪 80 到 90 年代三峡库区相对湿度偏高，而 20 世纪 60 年代中后期和 21 世纪偏低。近 53 a，三峡库区的年相对湿度整体呈现下降趋势，特别是 21 世纪以来更为明显。

通过统计发现，三峡库区年相对湿度和年高湿日数与年雾日数的相关系数都很高，可见相对湿度的变化会在很大程度上影响雾日数的变化，是引起雾日数变化的一个重要原因。从 2000 年以后，库区相对湿度呈现出逐年明显减小的变化趋势，这可能导致了雾日数在三峡蓄水后的明显减少。

三峡库区雾日数和相对湿度的年代际振荡在 20 世纪 70 年代中期以后是非常一致的，并在 21 世纪初以后处于年代际偏少的阶段。当年代际分量被滤除以后，蓄水之后库区雾日和相对湿度均为负距平，但距平值都在序列波动的正常范围内。并且，对整个序列进行 M-K 检验并没有发现突变点。这就表明，蓄水后三峡库区雾日和相对湿度的减少主要受到了年代际气候背景的影响，而三峡蓄水的影响即使有也比较小，没有使雾日数和相对湿度的状态在蓄水后出现突变。

另外，雾日数的变化还可能和城市化的影响有关，库区特别是沿江城市近几年的城市化程度不断增加，使得雾日数的变化更加复杂。

第 6 章　三峡库区气候风险及应对

气候变化引起了中国水资源分布的变化。近 50 a 特别是 1980 年以来，中国各大江大河的实测径流量多呈下降趋势，水资源时空分布不均的问题更加明显，局部地区的强降雨、高温干旱以及超强台风等极端天气灾害出现的频率和强度显著上升。气候变化及其导致的水旱灾害风险增加，对于水利水电工程及水资源管理带来了新的挑战，对中国供水安全、防洪安全、水生态环境安全造成了多方面的影响。

随着温室气体浓度的增加，未来气候变化可能导致更为广泛的影响和风险。在全球气候变暖背景下，2050 年前，三峡工程所在地区的区域气候将发生变化，导致气候水文条件发生变化，特别是降水和气温的变化，将引起水资源量的变化，极端气候事件的频率和强度将增加，这些改变会加剧三峡工程的运行调度及水库管理的压力，同时也对周边地区的水文系统、生态环境和社会经济等带来正面或负面的影响。

6.1　未来气温预估

基于不同温室气体排放浓度情境下，气候模式模拟的 2050 年前三峡库区未来各月气温均呈上升趋势，其中冬季的气温增加趋势最为显著。

6.1.1　SRES 情景下气温的变化

对于区域年平均气温，不同 SRES 情景下均将持续上升。2030 年以前不同排放情景下增温幅度差异不大，2011—2020 年、2021—2030 年增温幅度分别在 0.8 和 1.1℃左右；2030—2050 年 SRES A2，SRES B1 情景下增温幅度低于 SRES A1B 情景，2041—2050 年气温分别增加 1.7 ℃，1.5 ℃和 2.0 ℃。对于 2011—2050 年气温变化的线性趋势，SRES A1B 情景下为 0.42 ℃/10a，SERS A2 情景下为 0.32 ℃/10a，SRES B1 情景下为 0.24 ℃/10a。

表 6.1 给出了未来 50 a 每 10 a 平均的年平均、冬季和夏季平均气温变化值。从冬、夏季平均气温变化来看，冬季变暖趋势更为明显，增温幅度和变暖趋势大于年平均气温的变化，而夏季平均气温变化略小于年平均；相比较而言，SRES A1B 和 SRES A2 情景下，气温的季节性差异较为明显，SRES B1 情景下差异较小。

表6.1　不同SRES情景下2011—2050年三峡库区及其上游气温变化(单位:℃)

	SRES A1B			SRES A2			SRES B1		
	年平均	冬季平均	夏季平均	年平均	冬季平均	夏季平均	年平均	冬季平均	夏季平均
2011—2020年	0.7	0.8	0.7	0.8	0.7	0.7	0.8	0.8	0.7
2021—2030年	1.1	1.3	1.0	1.1	1.2	0.9	1.0	1.1	1.0
2031—2040年	1.6	1.9	1.5	1.3	1.4	1.2	1.3	1.4	1.3
2041—2050年	2.0	2.1	1.9	1.7	1.9	1.6	1.5	1.6	1.4
趋势(℃/10a)	0.42	0.45	0.42	0.32	0.36	0.30	0.24	0.26	0.22

不同情景下、不同时期区域内年平均气温都将增加,增温幅度表现出一定的纬向特征,由东南向西北逐渐增大,长江上游源头地区(沱沱河、通天河流域)增温幅度最大,区域内南部地区增温幅度较小。SRES A1B情景下2041—2050年,上游玉树地区增温2.0 ℃以上,成都—宜宾—重庆—宜昌一线的东北区域增温1.8～2.0 ℃,攀枝花—昆明地区增温不超过1.7 ℃。冬夏季平均气温与年平均气温变化幅度的差异,主要体现在长江上游源头地区,不同时期内该地区冬季平均气温变暖幅度大于年平均,而夏季的变暖幅度小于年平均。

区域模式模拟SRES A1B排放情景下三峡库区及其上游未来50 a气温的变化如表6.2所示。从表中可以看出,在SRES A1B温室气体排放情景下,未来三峡库区及其上游年平均、冬、夏季平均气温为一致增加,且随着时间的推移,升温幅度逐渐增大,其中年平均升温值将由21世纪初期的1.3 ℃上升到21世纪40年代的2.7 ℃,冬季升温值将由21世纪初期的1.1 ℃上升到21世纪40年代的2.6 ℃,夏季升温值将由21世纪初期的1.1 ℃上升到21世纪40年代的2.7 ℃。

表6.2　区域模式模拟SRES A1B排放情景下2010—2050年三峡库区及其上游气温变化(单位:℃)

	年平均	冬季平均	夏季平均
2011—2020年	1.3	1.1	1.1
2021—2030年	1.7	1.4	1.7
2031—2040年	2.3	1.8	2.3
2041—2050年	2.7	2.6	2.7

无论是年平均,还是冬季、夏季平均,2021—2030年整个区域上气温都表现为升高的趋势。其中年平均气温升高幅度在四川南部、重庆至云南、贵州北部地区较小,四川北部、陕西东南部和长江源头地区较大,数值从1.5 ℃以下上升至1.8 ℃以上,其中陕西南部、青海西部是升温的高值区,升温值在1.8 ℃以上。夏季平均气温的变化也大致呈此分布,但区域东北部即陕西南部至四川北部的升温幅度较年平均气温

要显著，中心值在2.1 ℃以上，区域南部升温幅度也相对较小，数值在1.5 ℃以下。冬季平均气温的变化在四川盆地及其以南地区存在一个升温幅度相对小的区域，升温值大都在1.2 ℃以下，其中四川南部到云南北部的升温值在0.9 ℃以下；陕西东南部、四川西北部升温幅度相对较大，升温值在1.5～1.8 ℃，其余大部分地区升温值在1.2～1.8 ℃。

2041—2050年，年平均、冬季平均和夏季平均气温都将增加，且升温幅度比2021—2030年进一步增大。其中年平均气温的变化基本呈由东南向西北逐渐增加的趋势，升温值从2.4 ℃以下上升至西北部的3 ℃以上，青海南部长江源头地区升温值最高。冬季平均气温的变化在四川盆地及其以南和云南北部地区升温值相对较低，在1.5～2.1 ℃，其他地区升温值都在2.1 ℃以上，四川西部、青海南部是升温的高值区，最大值在2.7～3.0 ℃。夏季平均气温的变化总体来看在四川和重庆南部、云南和贵州北部较低，四川北部较高，升温最大值在2.7～3.0 ℃，其他区域的升温值大都在2.1～2.7 ℃。

6.1.2 RCPs情景下温度变化

对于区域年平均温度，不同RCPs情景下气温将持续上升。2030年以前不同排放情景下增温幅度差异不大，2011—2020年、2021—2030年增温幅度分别在0.9 ℃和1.2 ℃左右；2030—2050年RCP2.6，RCP4.5和RCP8.5情景下增温幅度有一定差别，2041—2050年气温分别增加1.6 ℃，1.9 ℃和2.4 ℃。对于2011—2050年气温变化的线性趋势，RCP2.6情景下为0.23 ℃/10a，RCP4.5情景下为0.35 ℃/10a，RCP8.5情景下为0.50 ℃/10a。

表6.3给出了未来50 a每10 a平均的年平均、冬季平均和夏季平均的气温变化值。从冬季平均和夏季平均气温变化来看，冬季平均气温的增温幅度略大于年平均气温，而夏季平均气温的增温幅度略小于年平均气温。

表6.3 RCPs情景下2011—2050年三峡库区及其上游气温变化(单位:℃)

	RCP2.6			RCP4.5			RCP8.5		
	年平均	冬季平均	夏季平均	年平均	冬季平均	夏季平均	年平均	冬季平均	夏季平均
2011—2020年	0.9	1.0	0.9	0.9	1.0	0.9	0.9	0.9	0.8
2021—2030年	1.2	1.3	1.1	1.2	1.1	1.2	1.3	1.3	1.3
2031—2040年	1.4	1.3	1.4	1.6	1.7	1.6	1.8	1.8	1.7
2041—2050年	1.6	1.8	1.5	1.9	2.0	1.9	2.4	2.5	2.3
趋势(℃/10a)	0.23	0.23	0.23	0.35	0.35	0.33	0.50	0.54	0.48

不同RCPs情景下、不同时期区域内年平均气温都将增加，增温幅度表现出一定的纬向特征，由东南向西北逐渐增大，长江上游源头地区（沱沱河、通天河流域）增温幅度最大，区域内南部地区增温幅度较小。RCP4.5情景下2041—2050年，上游地区增温2.1 ℃以上，攀枝花—昆明地区增温不超过1.7 ℃。冬夏季平均气温与年平均气温变化幅度的差异与SRES情景下类似。

区域模式模拟RCP4.5和RCP8.5排放情景下三峡库区及其上游未来50 a气温的变化见表6.4。从表中可以看出，在RCP4.5和RCP8.5排放情景下，未来三峡库区及其上游年平均、冬季平均和夏季平均气温为一致增加，且随着时间的推移，升温幅度逐渐增大，其中RCP8.5情景下的升温值除21世纪初期的夏季外，都要高于RCP4.5情景。

表6.4　区域模式模拟RCP4.5和RCP8.5排放情景下2010—2050年三峡库区及其上游气温变化(单位:℃)

	RCP4.5			RCP8.5		
	年平均	冬季平均	夏季平均	年平均	冬季平均	夏季平均
2011—2020年	0.8	0.9	0.8	0.8	1.2	0.7
2021—2030年	1.0	1.1	1.1	1.2	1.4	1.2
2031—2040年	1.2	1.4	1.2	1.5	1.6	1.5
2041—2050年	1.5	1.8	1.3	1.9	2.1	1.9

从区域模式模拟的2021—2030年气温变化的空间分布来看，RCP4.5和RCP8.5情景下，无论是年平均，还是冬季平均、夏季平均，整个区域上气温都表现为升高。

RCP4.5情景下，年平均气温升高值除在四川南部、云南北部部分地区在0.9 ℃以下外，其他大部分地区升温值在0.9～1.2 ℃。夏季平均气温的变化除在长江源头部分地区升温值在1.2～1.8 ℃外，其他大部分地区升温值在0.9～1.2 ℃。冬季平均气温的变化与夏季有较大不同，表现为区域东部升温相对较高，四川东部、甘肃东南部升温值大都在1.2～1.5 ℃，四川西南部至云南北部升温值相对较低，在0.9 ℃以下。

RCP8.5情景下，年平均气温升高值基本呈由东南向西北逐渐增加的趋势，长江源头地区升温值最高，在1.5 ℃以上。夏季气温的变化也大致呈此分布，但区域东北部即陕西南部至四川北部的升温值较年平均要显著，中心值在1.8 ℃以上，区域东南部升温值也相对较小，数值大都在1.2 ℃以下。冬季气温的变化除云南北部地区外，在四川盆地及其以南地区存在一个升温相对较高的区域，升温值大都在1.2 ℃以上，其余大部分地区升温值为0.9 ℃～1.2 ℃。

6.2 未来降水预估

6.2.1 SRES 情景下降水变化

对于区域平均年降水,不同 SRES 情景下降水在 2040 年以前没有明显的增加或减少趋势,年际间变化比较明显;2040 年以后,年降水表现出增加趋势。2040 年以前,SRES A1B 和 SRES B1 情景下区域平均年降水量变化幅度较小,10 a 平均降水量变化幅度基本在 1% 以内;SRES A2 情景下年降水量在多数年份表现为减少,2011—2020 年、2021—2030 年、2031—2040 年 10 a 平均的降水量都表现为略有减少。2040 年以后,不同情景下各年份降水量多表现为增加,到 2041—2050 年降水分别增加 4%(SRES A1B),1.1%(SRES A2)和 1.3%(SRES B1)。2011—2050 年降水量变化的线性趋势 SRES A1B 情景下为 1.3%/10a,SERS A2 情景下 0.7%/10a,SRES B1 情景下为 0.1%/10a。

表 6.5 给出了未来 50 a 每 10 a 平均的年、冬季和夏季的降水量变化值。对于区域平均的冬季降水量,2040 年以前 SRES A1B 和 SRES A2 情景下为减少,SRES B1 情景下为增加;区域平均的夏季降水量在 SRES A2 情景下减少较为明显。

表 6.5 SRES 情景下 2011—2050 年三峡库区及其上游降水量变化(单位:%)

	SRES A1B			SRES A2			SRES B1		
	年	冬季	夏季	年	冬季	夏季	年	冬季	夏季
2011—2020 年	−0.7	0.3	−0.6	−1.0	−1.8	−2.0	0.4	1.5	−0.1
2021—2030 年	0.3	−0.3	0.5	−0.7	−1.0	−1.0	1.1	3.5	0.2
2031—2040 年	0.4	−2.7	0.3	−0.4	−1.0	−1.0	0.4	0.5	−1.5
2041—2050 年	4.0	2.0	3.0	1.1	1.7	0.7	1.3	4.3	1.5
趋势(%/10a)	1.3	0.6	1.0	0.7	0.9	0.9	0.1	0	0.1

对于年降水量变化的地理分布特征,不同情景下、不同时期内降水量变化表现出较为明显的区域性差异。2021—2030 年 SRES A1B, A2 情景下,降水量在攀枝花—西昌—康定以东地区减少不超过 2%,而在长江源头地区增加 4%左右;SRES B1 情景下不同时期内降水多表现为增加,成都附近地区及宜宾以下的长江沿岸地区降水变化不大或略微减少 1%左右。除 SRES A2 情景下区域东南局部(宜宾—重庆—遵义—安顺)地区降水量略有减少外,2041—2050 年降水量多为增加,并且长江源头地区降水量增加幅度较大,SRES A1B 情景下玉树地区降水量增加 6%左右,成都—宜宾—重庆周围地区增加 3%左右。对于降水量的季节变化,2040 年前 SRES A1B,

SRES A2 情景下，冬季降水量在区域的中南部地区多为减少，而夏季是中东部降水量多为减少；SRES B1 情景下冬季降水量多为增加，而夏季降水量在四川盆地及区域东北部地区多为减少。

区域模式给出的2010—2050年三峡库区及其上游每10 a平均降水量的变化(相对于1961—2000年)见表6.6。从表中可看到，三峡库区及其上游未来年降水量的变化总体表现为先增加后减少再增加，其中在21世纪初期有较小的增加，增加值为3.9%，但随后降水量将减少，减少值在21世纪20年代和30年代分别为－2.9%和－1.4%，到21世纪40年代降水量又表现为增加，但增加值相对较小，为1.0%。夏季降水量的变化在21世纪初期有较小的增加，增加值为1.2%，随后的30 a降水量都将减少，减少值在21世纪40年代最大，为－5.7%。冬季降水量在21世纪10年代有相对较为明显的增加，增加值在10%以上，之后在21世纪20年代和40年代有微弱的减少，减少值分别为－0.4%和－0.9%，在21世纪30年代有较小的增加，增加值为1.9%。

表6.6 区域模式模拟2010—2050年三峡库区及其上游降水量变化(单位:%)

	年	冬季	夏季
2011—2020年	3.9	10.7	1.2
2021—2030年	－2.9	－0.4	－4.2
2031—2040年	－1.4	1.9	－1.7
2041—2050年	1.0	－0.9	－5.7

2021—2030年年降水量变化在四川东部、重庆西部减少，减少值大都为－25%～－5%，四川西北部到青海南部增加，增加值为5%～25%，其他地区变化不大，数值在－5%～5%。2021—2030年冬季降水量的变化整体来看由西北向东南呈“减少—增加—减少”，增加和减少幅度一般都在10%以上，其中青海南部、四川中部是降水量减少的大值区，四川西部降水量增加较为明显，增加最大值在25%以上，减少值一般在－10%以上。2021—2030年夏季降水量的变化在整个区域上以减少为主，且减少值大都在－10%以上，其中四川东部是减少的大值区，中心值在－25%以上，四川西部、青海南部增加较为明显，增加最大值为10%～25%。

2041—2050年年降水量变化的分布与2021—2030年较为类似，但降水量为增加的区域有向东扩展的趋势，降水量为减少的区域缩小，四川西部、青海南部地区增加值为5%～25%，四川东部、重庆北部减少值在－10%以内。2041—2050年冬季降水量的变化与2021—2030年变化总体来说较为类似，但也有所不同，如四川西部降水量为增加的区域有所东移，贵州北部降水量由减少和变化不大转为增加等。2041—2050年夏季降水在102°E以东的大部分地区降水都将减少，且减少值基本都在－10%以上，仅有长江源头少部分地区降水是增加的，增加值大都为5%～25%。夏季是中国的主要降水季节，夏季降水量的减少将直接导致三峡库区及其上游未来降水的减少。

6.2.2 RCPs情景下降水变化

对于区域平均年降水量，RCP2.6和RCP4.5情景下降水在2030年以前没有明显的增加或减少趋势，2030年以后年表现出增加趋势；RCP8.5情景下，2040年以前没有明显的增加或减少趋势，2040年以后才表现出增加趋势。到2041—2050年年降水量分别增加3.5%(RCP2.6)，3.1%(RCP4.5)和3.4%(RCP8.5)(表6.7)。

表6.7 RCPs情景下2011—2050年三峡库区及其上游降水量变化(单位:%)

	RCP2.6			RCP4.5			RCP8.5		
	年	冬季	夏季	年	冬季	夏季	年	冬季	夏季
2011—2020年	−0.3	−3.2	0.5	−0.7	−2.6	−0.4	0.2	−2.3	0.9
2021—2030年	1.1	−0.3	−0.0	0.1	−0.5	0.6	0.5	0.2	0.4
2031—2040年	2.5	5.2	2.4	2.6	2.3	2.2	0.2	−1.9	−1.0
2041—2050年	3.5	−1.1	4.0	3.1	3.7	3.1	3.4	2.5	2.4
趋势(%/10a)	1.3	1.0	1.4	1.4	1.9	1.2	0.9	1.2	0.3

对于年降水变化的地理分布特征，不同RCPs情景下、不同时期内降水变化表现出明显的区域性差异：长江上游源头地区(沱沱河、通天河流域)年降水量多表现为增加，区域内东南部地区多表现为减少。2011—2020年、2021—2030年，上游地区年降水量增加幅度在4%以上，同时东南部地区降水减少1%～3%。2031—2040年、2041—2050年，RCP2.6和RCP4.5情景下上游地区年降水量增加依然显著，东南部大多数地区年降水量略有增加，部分地区减少幅度不超过1%；RCP8.5情景下，上游地区年降水量增加幅度与其他情景差别不大，但是东南部地区年降水量减少幅度仍然保持减少1%～3%。

表6.8给出区域模式模拟RCP4.5和RCP8.5新排放情景下三峡库区及其上游未来50 a降水量的变化。

从表中可看到，RCP4.5情景下，三峡库区及其上游未来年降水量将增加，但增加值不大。夏季降水量的变化在21世纪初期有较小的增加，增加值为3.2%，随后的20 a降水都将减少，减少值相对较小，分别为－0.8%和－1.1%，到21世纪40年代降水量又将有较小的增加，增加值为1.3%。冬季降水量与夏季降水量的变化表现为相反的趋势，在21世纪10年代将减少，之后在21世纪20年代和30年代将增加，在21世纪30年代增加较为明显，达11.9%，21世纪40年代又将减少。

RCP8.5 情景下，三峡库区及其上游未来年降水量除 21 世纪 20 年代有较小的增加外，其他时段内都将减少。夏季降水量在 21 世纪初期有较小的增加，增加值为 3.5%，21 世纪 20 年代变化不大，随后的 20 a 降水则都将减少，减少值相对较大，分别为－5.5%和－9.0%。冬季降水量在 21 世纪初期将减少，21 世纪 20 年代和 30 年代变化不大，到 2041—2050 年将增加，增加值为 2.4%。

表 6.8 区域模式模拟 RCP4.5 和 RCP8.5 排放情景下 2010—2050 年三峡库区及其上游降水量变化(单位:%)

	RCP4.5			RCP8.5		
	年	冬季	夏季	年	冬季	夏季
2011—2020 年	1.3	－2.6	3.2	－0.7	－1.4	3.5
2021—2030 年	0.5	5.6	－0.8	1.7	0.5	0.9
2031—2040 年	1.7	11.9	－1.1	－3.3	－0.4	－5.5
2041—2050 年	2.1	－1.6	1.3	－3.3	2.4	－9.0

从区域模式模拟的 2021—2030 年年、冬季和夏季降水量变化的空间分布来看，RCP4.5 情景下，年降水变化在整个区域上变化不大，数值大都在－5%～5%。冬季降水量的变化整体来看由西向东呈“减少—增加—减少”的分布，增加值一般都在 10%以上，减少区域相对较少，且减少值相对较小，一般在－25%～－5%。夏季降水量的变化在整个区域上以减少和变化不大为主，且减少值大都在－10%以上，其中贵州东北部是减少的大值区，四川南部、云南北部增加较为明显，增加最大值为 10%～25%。

RCP8.5 情景下，年降水量变化在整个区域上或为增加，或变化不大，其中增加值一般为 5%～10%。冬季降水量的变化整体来看在区域北部为增加，增加值一般都在 10%以上，区域南部少部分地区为减少，减少值相对较小，一般为－25%～－5%。夏季降水量的变化在整个区域上以增加和变化不大为主，减少的少部分地区位于贵州东北部，减少值为－25%～－5%。

6.3 未来 50 a 极端气候事件预估

对于极端气候变化，使用 IPCC AR4 的 CMIP3 数据库中 5 个全球气候模式的集合平均结果做了简要分析，5 个模式分别为 GFDL_CM2_0，GFDL_CM2_1，INMCM3_0，IPSL_CM4 和 MIROC3_2_M(计算极端气候事件需要用逐日数据，由于数据量较大，目前只有这 5 个模式的逐日资料，与前文分析的平均气温和降水所用模式不同)，分析的指数为热浪指数(HWDI)、高温日数(T35D)、5 d 最大降水量(R5D)、

大于 10 mm 降水日数(R10)、降水强度(SDII),具体定义如下:

热浪指数(HWDI):日平均最高气温连续 5 d 以上大于气候基准期 5 ℃以上的最长日数,单位:d;

高温日数(T35D):日最高气温 ≥35 ℃ 的日数,单位:d;

5 d 最大降水量(R5D):最大的连续 5 d 降水量,单位:mm;

大于 10 mm 降水日数(R10):日平均降水量>10 mm 的天数,单位:d;

降水强度(SDII):总降水量与降水日数的比值,单位:mm/d。

分析结果表明,不同 SRES 排放情景下,三峡库区及其上游热浪指数表现为持续增加趋势,并且时间变化特征与年平均气温相类似。就区域来说,与平均气温不同,HWDI 表现为在长江源头地区增加幅度相对较小,其他地区增加较明显。

T35D 的变化除 103°E 附近以西海拔较高的山区外,温室气体的增加将使得整个区域内的高温日数明显增加。其中 2021—2030 年,T35D 的增加值一般都超过 5 d/a,四川盆地是增加的大值区,增加最大值在 20 d/a 以上;2041—2050 年,T35D 的增加幅度进一步增大,增加值一般都超过 25 d/a,四川盆地仍然为增加的大值区,增加值在 40 d/a 以上。

区域平均的 R5D 多表现为持续增加趋势,2020 年以后区域平均的 R5D 多为正距平。2021—2030 年,SRES A1B 情景下绵阳—成都—宜宾—重庆周边地区 R5D 的增加幅度相对较大,在 10 mm 以上。2041—2050 年,SRES A1B 情景下 R5D 在通天河流域以东的大部分地区增加 20 mm 以上;SRES A2 情景下 R5D 也都是增加,但增加幅度一般不超过 12 mm,重庆以东地区略大(15 mm 左右);SRES B1 情景下,重庆以东地区增加较为明显(15～20 mm)。

对 R10 的分析表明,未来 40 a R10 表现出减少的趋势,大多数年份 R10 将减少。就区域来说,除了金沙江以上地区 R10 将增加外,其他大部分地区 R10 多表现为减少。

2020 年以后 SDII 表现出增加的趋势,并且三个情景间的差异不明显。2011—2020 年,除局部地区变化不明显外,其他大部分地区 SDII 都将增加,但增加幅度不超过 0.3 mm/d;其他不同时期内,SDII 表现为增加。相对而言,中部及东部部分地区,SDII 增加较明显。

在 SRES A1B 温室气体排放情景下,未来 R5D 变化在整个区域上自西向东大致呈“增加－减少－增加”的分布,变化范围大都在±5%～±25%,长江源头部分地区增加值在 25%以上。相对于 R5D 在整个区域上增加和减少的相间分布,R10 的变化表现为在四川东部减少,减少量在－25%～－5%,四川西部和青海南部长江源头大部分地区增加,增加值大都在 10%以上。SDII 的变化以增加和变化不大为主,其中四川西部和长江源头地区为增加,增加值在 5%～25%,四川中部部分地区为减少,减少值相对较小，大都在－10%～－5%，其他大部分地区变化较小，变化范围在±5%之间。

2041—2050 年，R5D 的变化在整个区域上也呈增加和减少的相间分布，但与 2021—2030 年分布有所差异，其表现为自西向东大致呈“增加－减少－增加－减少”的分布。R10 的变化在两个时段内分布较为类似，但四川西部至长江源头 R10 为增加的区域较 2021—2030 年向东扩展，相应四川东部 R10 为减少的区域缩小。2041—2050 年 SDII 为增加的区域较 2021—2030 年要大，而在 2021—2030 年四川盆地及其以西地区 SDII 为减少的区域到 2041—2050 年后转变为增加和变化不大（图略）。

6.4　气候变化的影响

2050 年前，三峡工程所在地区的区域气候将发生变化，导致气候水文条件发生变化，特别是降水和气温的变化以及极端气候事件的频率和强度的增加，将会加剧三峡工程的运行调度及水库管理的压力，同时也对周边地区的水文系统、生态环境和社会经济等带来正面或负面的影响。

对于森林系统，气温升高影响物种的空间迁移、生态系统的生物总量和年生物产量，进而造成林木的种类、复杂性降低，脆弱性增加。对于草地系统，气温不断升高使草原旱情更趋频繁，程度加重，牧草营养成分降低，病虫害和水土流失加重，加剧草场的退化。研究表明，干旱发生时，三峡水库的蒸发量增加、流量减少延长了水体和营养的滞留时间，使得库区藻类生物量的增多，或者导致流域硅输入的减少，引起库区硅浓度下降，有可能引发大规模的藻类水华的暴发。此外，气候变化引起的气温上升也可能促使藻类水华更加严重。

气候变化极有可能使遗传物质发生改变，并进而引起遗传多样性变化。温度变化直接影响水生生物个体生理活动和性别发育，降水直接影响水生生物繁殖过程和生理活动。此外，气候变化还对珍稀动植物本身及其生存环境造成威胁。气候变化间接影响水生生物的食物来源和生存环境，从而影响生物物种的多样性。气候变化还影响生态系统内生物的分布和各营养级间的能量流动，通过改变水文节律，间接影响水生生物的物种组成及其生物资源总量。

与当前气候条件下相比，未来三峡库区气温持续升高，三峡库区较高度脆弱和极度脆弱的生态系统所占的比例以及不脆弱的生态系统比例均有所减少。自然生态系统的脆弱性有所增加，但其分布格局与当前气候条件下相似。同时，在区域气候变化背景下，三峡库区极端降水事件发生频率增加，特别是洪涝和干旱频次的增加，与三峡库区水体富营养化加重和蓝藻水华暴发频次上升等环境问题也存在一定的相关性。

未来气候变化条件下，三峡工程区域虽然降水量变化不大，但径流量的减少幅度和蒸发量的增加幅度要大于降水量的减少幅度，给三峡库区的水资源综合管理提出了更高的要求。就长江流域而言，根据平均降水量预估，未来降水量呈上游增加、中下游减少的趋势，强降水事件的发生频率在上游和中游南部等地区会有较大增加。长江三峡工程以上流域极端降水事件特征也在不同排放情景下发生相应的变化，但日最大降水量均显示出增加的趋势。水资源量的波动及其幅度变化，将容易导致来水量过丰或过枯，以及三峡水库入库流量变动范围增大。极端降水量的增加将使三峡水库入库水量增加，尤其当入库水量超过原库容设计标准及相应正常蓄水位时，将引起水库运行风险。因此，对三峡工程及其周边地区，未来极端天气气候事件发生频率及强度可能增大，将引发超标洪水的产生，对三峡工程造成防洪压力；而极端降水强度和频次的增加，可能会增加库区突发泥石流、滑坡等地质灾害的发生概率，对水库管理、大坝安全以及防洪等产生不利影响；同时，秋季降水减少可能导致枯水期的干旱事件增加，将影响三峡水库的蓄水、发电、航运以及水环境，给三峡水库的调度运行和蓄水发电等效益的综合发挥带来一定影响。

气候变化对三峡库区周边地区及至更大区域的社会经济发展既可能带来积极影响，也可能造成不利影响。其中，积极影响主要体现在水资源增加和改善经济布局方面。若三峡库区以及整个长江上游地区的水资源在未来几十年内比较丰沛，则三峡工程的防洪、发电、航运等综合效益将持续发挥，有效扩大内需，拉动经济增长，改善投资环境，促进中西部地区经济发展，合理调整经济布局。三峡工程的优化调度将促进长江流域特别是重庆至九江地区的社会经济发展，加快经济布局由东部地区向中西部地区的战略转移，缩小长江中上游地区与下游地区的发展差距。不利影响要考虑未来几十年区域气候变化尤其是极端气候事件频发，可能会对三峡工程的防洪、发电、航运等功能造成影响。例如三峡工程运行的不稳定性增加，会对三峡工程供电地区如华南地区带来供电不稳、成本升高等问题，将直接影响三峡地区以及中西部地区的经济社会发展，进而影响供电地区如华南地区的经济发展。

6.5 三峡工程适应气候变化的对策措施

三峡工程是关系到国家社会经济发展的重大工程，气候变化对三峡工程以及三峡库区的影响涉及防洪减灾、能源安全、水资源管理、生态环境保护、区域经济发展、就业及社会公平等方方面面。气候异常可能影响三峡工程的正常运行，将对国家经济发展造成不可忽视的巨大影响，需要高度重视，通过多方面举措积极应对气候变化可能带来的不良影响。

三峡工程及库区适应气候变化是一项复杂的系统工程。面对未来各种不确定的气候变化风险，仅仅从三峡工程自身来考虑是远远不够的，还需要从个人意识到全社会应对体系、从区域经济发展到国家宏观战略、从部门行业到整个社会经济体系的适应规划、从工程技术措施到政策管理和制度设计等进行全面考虑。

6.5.1　国际重大工程适应气候变化启示

针对气候变化对流域水资源及水利工程运行管理可能产生的影响及其后果，借鉴国内外新的管理方法与理念，采用先进的工具与技术方法确定水库等重大水利工程的生态适应性管理方案，可为提出三峡工程的气候适应策略提供参考。总结国际上一些重大水利工程适应气候变化的先进案例及其经验，主要包括三方面的启示：引入应对气候变化的流域水资源适应性管理；研究气候变化对水利工程调度和管理的影响方式及影响程度，加强水利工程适应性调度与管理；研究梯级水库群优化调度，加强应对气候变化的流域水库群适应性管理。

(1)重视气候变化对流域水资源的影响，提出应对气候变化的流域水资源适应性管理。

气候变化及其导致的水旱灾害风险增加，对于水利工程及水资源管理带来了新的挑战(包括供水、防洪、卫生、农业、发电和水生生态系统等方面)，这使得学界、决策管理者开始重新审视现有的流域管理政策及相关基础设施中存在的问题，并且日益认识到技术和制度因素对于水资源管理的重要性。气候变化引起的水文条件变化不确定性，使得辨识水文情势未来变化趋势及预先制定流域水库群调度方案越来越困难，而适应性管理为解决这个难题提供了一种有效、可行的方法。

适应性管理是一种新的环境和自然资源管理理念。适应性管理具有几个基本特征：①利益相关方的参与；②明确的、可测量、可评估的共识性目标；③基于不确定性设计未来政策情景；④提供多种政策备选项以提高管理的灵活性；⑤监测和评估过程；⑥强调“在实践中学习”。

基于国际经验和案例研究，国内学者认为适应性管理理念、方法及模式可以解决流域水资源的不确定性问题，有助于开展水资源和环境流量管理，并建议将适应性水资源管理新理念引入黄河三角洲、三峡水库生态调度等国内水利水电工程，以最大限度地发挥工程效益。

从流域水资源管理的角度来看，适应气候变化的措施主要包括：工程性适应方式、技术性适应方式、制度性适应方式和生态系统适应方式。

工程性适应方式。是指采用工程建设措施，增加社会经济系统在物质、资本方面的适应能力，包括修建水利设施、环境基础设施、跨流域调水工程、疫病监测网点、气象监测台站等。

技术性适应方式。是指通过科学研究、技术创新等手段，增强适应能力，例如开展气候风险评估研究、研发农作物新品种、开发生态系统适应技术、疾控防控技术、风险监测预警信息技术等。

制度性适应方式。是指通过政策、立法、行政、财政税收、监督管理等制度化建设，促进相关领域增强适应气候变化的能力，例如，借助在碳税、流域生态补偿、气候保险、社会保障、教育培训、科普宣传等领域的政策激励措施，为增强适应能力提供制度保障。

生态系统适应方式。是指借助生态系统提供的生态服务功能，实现生态恢复和适应气候变化的双重效果，包括：利用植树造林改善库区生态环境、减少地质灾害发生频率，利用能源林增加碳汇和提高农业收入等。

工程性适应措施可能会加剧已经高度敏感的生态系统的压力。技术性适应方式、制度性适应方式和生态系统适应方式可能更有利于高效地减缓和适应气候变化的影响。适应性管理需要将这些具体的适应手段进行整合，并因地制宜地灵活运用。

国际社会在流域水资源适应性管理领域已有不少科学可行的案例实践。其中一些经验对于三峡工程开展适应性管理具有很好的借鉴价值。如美国加利福尼亚州能源署(California Energy Commission)和水资源部(California Department of Water Resources)采用“无悔”(no-regrets)政策实施水资源管理。其适应性策略包括：重新评估有关水资源管理的法律、技术和经济程序；鼓励灵活配置水资源的机制(如建立水权交易市场)；设立专项资金用于建立水库调度和抗旱应急预案的信息；平台增加气候变化等跨学科研究投入，加强信息沟通和决策支持。为应对气候变化导致的干旱、洪水等极端事件造成河流水资源利用争端，美国和墨西哥两国通过签订科罗拉多跨界河流水库调度协调准则等协议以处理潜在的水资源问题。

(2)研究气候变化对水利工程调度和管理的影响方式及影响程度，加强水利工程适应性调度与管理。

适应气候变化的水库调度主要是基于气候变化对水资源时空分布格局的影响，分析气候变化对水库管理的影响方式及影响程度，评价水库运行、决策的风险，同时也包括水库调度的适应性方法和技术。主要包括：

了解气候变化对水库运行管理的影响。现行的水库设计规范和调度模型很少甚至没有考虑未来气候和环境变化的影响，需要审慎地重新评估水库的管理与调度情况，以确定它们是否正在以最好的方式运作。研究表明，气候变化加剧了水库“泄一蓄”矛盾和“安全一经济”矛盾。一方面气候变化会改变季节性降水模式，如春汛提前(特别是融雪补给河流)，改变全年径流和洪峰过程，直接影响发电型水库的出力和发电量，降低水库利用率，增加水库运行风险；另一方面，温度变化会导致用水、用电需求变化，进一步加大供需的矛盾；此外，气候变化和极端旱涝会增加水库综合功能发挥的难度。

加强水库调度的适应性策略研究。水库管理和运行牵涉众多领域和范围,水库调度准则日益呈现出多样化和多元化,需要同时兼顾防洪、发电、供水、环境与生态等多种目标和原则。气候变化改变了水库调度的决策条件,调度者需要考虑气候变化情况下水库的安全性、可靠性和经济性,并根据调度任务、水情变化等复杂情况进行权衡。水库适应性调度需要有效结合气候模型、水文模型、决策支持系统的各种信息。

重视并解决水库大坝工程引发的生态环境问题。水库大坝工程,尤其是大型综合性枢纽工程的开发、堰坝的修建破坏了河流纵向的连通性,流域生态系统受到扰动和破坏。在明确水库大坝工程引发的生态环境问题基础上,国际上进行研究并提出相应的解决方案,一方面提出了河流生态修复理念及其技术,另一方面提出生态适应性管理理念解决生态环境问题。

(a)气候变化对水库运行的影响评估案例

美国:美国内政部垦务局评价了爱达荷州西南部博伊流域水库管理受气候变化的影响,认为气候变化使 1 至 3 月春汛时间提前、流量增加,增大了水库在 4 月前的运行难度,现行水库防洪规则难以应对最大可能为 2 周的提前量;尽管水库蓄水能力受气候变化影响不明显,但前提是洪水调度中"泄一蓄"适宜。预测内华达山脉在未来气候变化条件下,气温将大幅增加,春季积雪将下降 25%—40%。当气候变化使降水更多的以雨而不是雪的形式出现时,更多的水将通过水库无效下泄,不能存储在水库以供夏季和秋季需要的时候使用,以防止在冬季和初春发生洪水。美国加利福利亚大学的 Tanaka 等用经济工程优化模型测算了加利福利亚境内主要的水库群,结果表明,尽管加州的水库容量可以适应气候变化带来的显著水量变化,但水库管理者面临着更突出的发电收益经济风险。Vicuña 等进一步评估了气候变化对加利福尼亚北部上游美国河流工程(Upper American River Project System,UARPS)和南部 Big Creek 这两处高海拔地区水电站的影响,结果显示,气候变化下的水文情势显示出平均径流量减少和水位曲线前移(汛期提前)的趋势。径流减少会使发电量减少,UARPS 因为海拔相对较低而汛期提前趋势更明显,下泄量更多,发电及收益减少更多。

希腊:Mimikou 等以希腊北部某水库为例,评估气候变化对水库蓄水和水电生产的影响,结果显示,若保持发电量不变,采用 UKHI(UK Meteorological Office High Resolution Model)模型预测气候变化时,水库库容需增加 12%~38%;若以 UKTR(UK High Resolution Transient Output)预测气候变化,则这一增加量为 25%~50%。

韩国:Kang 等对 Yongdam 大坝防洪安全敏感性的分析结果表明,区域气候变化使平均径流将增加 38.7%,变异性增加 14.3%,单一洪水事件的规模将变大,对未来 20 a 的水资源管理会带来显著负面影响。

土耳其：土耳其某流域及其水电站受气候变化的影响，以 MRI—GCMs 和 CCSR—GCMs 模型预测，得知未来 10 a 气温将分别升高 2.0 ℃和 2.7 ℃，降水分别减少 159 mm 和 161 mm；由于径流减小，月峰值提前，当采用维持目标控制水位而不考虑用水需求的水库调度原则时，下泄水比例上升。

(b)水库适应性调度研究案例

加拿大：鉴于大气环流模型(General Circulation Models)的空间尺度和分辨率较大，难有效应用于具体流域，加拿大开发了由天气发生器模型、水文模型和差分进化优化模型组成的水库群管理系统，用于泰晤士河上游 3 个水库的调度。其天气发生器模型采用含 3 个变量(降水量、最高气温和最低气温)的 WG3 模型和联合主成分分析(PCA)的 WG-PCA3 模型，水文模型采用 HEC-HMS，用 DE 算法寻优最小洪水损失。初步结果表明，该系统为利用现有流域蓄水能力、应对气候变化提供了适宜的水库调度策略。

美国：Brekke 等用涵盖水库调度的气候变化风险评价体系，分析了加州有供水限制条件的水库防洪，指出风险评价结果除明显受气候变化这一假设的影响外，也和是否调整防洪原则有关。研究认为，水库(调度)决策者应尝试适应气候变化，适时调整调度准则。Payne 等指出，在水库防洪和蓄水间保持一个适当的平衡对哥伦比亚流域水资源管理是至关重要的，当因气候变化造成水情变动，洪峰提前时，需要调整泄水和蓄水的调度日程以适应早到的春汛。由于气候变化及其带来的用水变化，水库管理需要重新权衡供水与发电间的得失。哥伦比亚流域在考虑生态需求的基础上，提出生态调度中叠加气候变化影响，以应对气候变暖背景下水温升高对下游渔业造成的影响。

(c)水利工程适应性管理案例

加纳沃尔特水库(Lake Volta)位于西非半干旱半湿润的稀树草原区，于 1961—1963 年在沃尔特 (Volta)河上由阿科松博坝(Akosombo Dam)拦截形成，是一座多目标开发沃尔特河水资源的工程，具有发电、防洪、灌溉、航运、渔业等多种效益。水库水面面积约为 8482 km^2，最大坝高 141 m，水库总库容 1480 亿 m^3，电站总装机容量 88.2 万 kW，年发电量 56.25 亿 kW·h，是世界上水面面积最大的水库。在评估气候变化对水文、环境(人体健康和生物物理)、粮食以及工业(能源)影响的基础上，当地提出了沃尔特水库的流域和田间两个层面的气候变化适应战略，并对不同战略方案中气候变化对水文、农业、环境和能源不同领域的影响进行了评估。

流域层面适应方案包括常态(不采取适应措施)方案、灌溉适应方案和能源适应方案三种方案。其中，常态方案(不采取适应措施)是指按照现有的水资源利用水平，评估气候变化的影响；灌溉适应方案主要考虑目前沃尔水库所在流域的农业以雨养农业为主，灌溉面积很少，但是随着人口增加和对粮食需求的加剧，灌溉面积有增加的趋势，灌溉方案采用的是将灌溉面积增加到流域总面积的 1%；能源适应方案主要是考虑目前 Akosombo 大坝的使用处于不可持续的状态，能源方案采用了可持续的运行方式，即根据流量的变化改变发电量。

田间层面适应方案的设置主要考虑该流域主要农作物水稻和玉米的不同灌溉方式、种植密度等因素。

针对沃尔特水库的不同适应方案，对环境、粮食和能源的评估结果表明，如果可以接受湿地面积的减少，灌溉适应方案是相对可选的适应方案。值得注意的是，即使预估的径流量将增加，考虑到在一定的时段可能出现低水位，未来的能源也不能 100%依靠水能。

(3)研究流域梯级水库群优化调度，加强气候变化的流域水库群适应性管理。

对河流的分段开发形成了同一条河流上、下游有水力联系的水电站群和梯级水库群。气候变化使水库群调度在复杂性为常态的基础上，又有了突出的不确定性。不确定性使系统运行的安全性、可靠性和经济性降低，其脆弱性凸显，决策风险显著加大，已成为流域梯级水库群调度必须面对和解决的问题。各国研发了大量数学模型和优化方法以实现流域水库群的优化调度。作为流域水资源管理的重要组成部分，流域水库群的适应性管理有可能为气候变化背景下的流域水库群优化调度提供新的、适宜的途径和方法。水库群管理的适应性依赖于政策、认识、技术等方面的适应能力，需要在政府协调与引导下，水资源各利益相关部门与个体积极参与。

6.5.2　三峡库区主要气候变化风险及其适应对策

观测资料显示，近半个世纪以来三峡库区年平均气温为升温趋势，近 20 a 来又呈加快趋势，尤以冬季升温最为显著。年降水量整体上表现为弱的减少趋势，年降水日数、暴雨日数也均为减少趋势，但暴雨强度则显示增强态势。随着三峡库区气温的显著升高，相对湿度明显减小，导致雾日天数有所减少。

研究表明，相对于 1961—2000 年的气候平均值，区域年平均温度在 2011—2020 年、2021—2030 年、2031—2040 年和 2041—2050 年增温幅度分别为 0.7～1.3 ℃，1.0～1.7 ℃，1.3～2.3 ℃，1.5～2.7 ℃。冬季变暖趋势更为明显，增温幅度和变暖趋势大于年平均气温的变化。对于区域年平均降水，在 2011—2020 年、2021—2030 年、2031—2040 年和 2041—2050 年的变化幅度分别为−1.0%～3.9%，−2.9%～1.1%，−1.4%～0.4%，1.0%～4.0%。对于未来几十年部分极端气候事件的预估结果表明，不同温室气体排放情景下，区域平均未来热浪指数将增强，连续 5 d 最大降水量将增强，大于 10 mm 降水日数将减少，降水强度将增加。

三峡库区年平均气温在 2050 年前呈持续增暖趋势，夏季增暖将增加三峡库区空调制冷的电力消耗。另外，在全球气候变暖的背景下，以及水体增温效应的叠加，冬暖得到加强，冬季还将缩短，入秋推后、入春提前，秋、冬、春三季旅游条件将得到极大改善。

未来极端气候事件增加，将使高温、旱涝等气象灾害的发生更加频繁，农业生产将面临更多气象灾害的影响，增大农业生产的不稳定性，加剧农业产量波动。气候持续变暖将使农作物复种指数提高，作物种植上限也将上移，使高海拔地区耕地面积增加，林、灌、草面积缩小，其涵养水土、调节生态的作用将减弱。

总的来说，未来 50 a，三峡库区的主要气候变化风险包括：气温持续升高、降水先减后增、极端事件加强增多等，这些气候变化风险将对库区水资源、生态、航运、人口和产业布局、防灾减灾、公共卫生等方面产生一定的影响，需要采取科学的适应性对策。

(1)积极开展区域气象致灾阈值研究，为及时有效地发布预警预报提供可靠依据，减小极端天气气候事件诱发地质灾害的发生概率。三峡库区处于青藏高原一四川盆地的过渡地带，地形切割强烈、山体破碎，森林稀疏，生态环境十分脆弱；此外库区属于中国暴雨中心之一，暴雨强度又呈加强的态势，为滑坡、岩崩和泥石流等地质灾害的发生提供了动力条件。

(2)加强气象台站网络覆盖水平，改善航运交通基础设施的防灾应急能力建设，从信息服务、隐患消除等角度确保航运安全。长江是中国航运量最大的河流，能见度是影响三峡河道航运的最重要因素之一。总体来讲，过去半个世纪库区雾日天数呈现弱减少趋势，但由于雾的生成具有明显的局地性，库区不同地点雾日天数的变化趋势也不尽相同。在一些主航道，如涪陵、巴东等地区呈明显增加趋势，给水路运行带来不利影响。

(3)加强库区水污染防治工作，保证库区水质达到和保持水环境功能区要求和国家地表水环境质量Ⅱ类和Ⅲ类标准的良好状况，促进生态环境得到改善，以防范未来气温上升可能导致的三峡水库水质恶化。三峡水库兴建运行后，由于流速减缓，库区水体扩散能力减弱，加大了岸边污染物的浓度和范围，影响了水库水质。库区大范围的水土流失，又将土壤中的氮、磷、钾以及残存的农药中的有机磷、有机氮等带入水体，造成农业面源污染，进一步恶化了水库水质。

(4)采取积极的行业适应措施，减少气象要素变化和极端气候事件给库区经济发展带来的影响。三峡库区需要积极地适应气象要素变化的影响，调整农业结构和布局，培育和推广抗逆能力强的新品种，加强农业基础建设，发展节水农业，避开或减轻气候变化带来的不利影响。气候变化会对电力、交通、旅游、种植业等各行业带来影响，需要合理调度，加强需求方管理，提高用电效率、提倡节约能源；进一步完善堤防、河道整治、水库、蓄滞洪区、水土保持等工程措施和非工程措施相结合的综合防洪体系；加强沿长江干流主航道的旅游交通基础设施建设；建立区域一体化的旅游交通体系。针对气候变暖和水库相关变化可能带来虫媒与自然疫源性疾病将有不同程度上升的问题，应建立和完善卫生防疫和健康保障体系，尤其对库区移民等脆弱群体应给予更多关注。

（5）改善三峡库区及周边生态环境，增强库区生态系统适应能力。为使三峡工程及库区周边的生态环境实现可持续发展，生态环境的适应性对策应包括：

（a）加快库周防护林带建设步伐，强化消落区保护和管理。首先，加快库周防护林带建设步伐，在三峡水库周边划出一定范围建设国家林场，形成防护林带，并作为禁止开发区予以保护，以缓冲周边污染物和水土流失对水库环境的影响。同时，注意提高森林资源的数量与质量。其次，尽快出台消落区相关的规章制度或管理规划，建立起有效的监管和保护机制。要按照国家四类生态功能区的分区原则进行科学定位，视情况分别作为禁止开发区和限制开发区，使消落区按照自然规律自行恢复，防止人为炒作。如果确需利用水库消落区，必须首先作专门的深入研究和可行性论证，获得业主的同意，并经国家主管部门的批准。

（b）继续完善三峡工程生态与环境监测系统的组织和管理。为积极应对气候变化，了解三峡生态与环境的动态变化，应在发挥现有监测系统功能和作用的基础上，加强机构间的协调。在当前跨部门、跨地区、跨行业的组织体系框架下，应充分发挥国务院三建委对三峡工程的综合管理职能和协调作用，对跨省域、跨部门的经济、社会发展和生态环保工作进行统一的全面的规划、决策和部署。国务院各有关部门和地方政府要按照统一部署，明确分工，各司其职，严格执法。在此基础上，继续完善三峡工程生态与环境监测系统组织管理模式，建立系统内各业务子系统所属主管部门之间更为紧密的合作机制。

（c）科学地保护生物多样性，提高自然资本存量和气候适应能力。首先，在植物多样性保护方面，要在有效保护残存的亚热带常绿阔叶林及其生态系统的基础上，针对三峡库区珍稀濒危植物、重点保护植物、特有植物、模式植物、古大树种、重要资源植物、关键物种和优势物种、石生植物等，按其生境要求在生物多样性保护工程内合理规划，并运用现代林业高新技术加快珍稀濒危植物在环境相似或相近地区的迁移保护和繁殖研究。其次，在水生生物多样性保护方面，要加强对长江禁渔期和鱼类人工繁殖放流的管理和监督。通过开展人工增殖放流站和建立江湖连通关系，实现灌江纳苗，促进江湖水文循环，提高水生生物多样性和湖泊渔业产量，保护湖泊生态系统的自然属性和稳定性。同时，可建立自然保护区或保护点，保护物种及其栖息地。第三，加强对资源增殖的科学研究和效果评估，包括加强种苗放流和跟踪评估技术研究，提高放流的经济效益和生态效益；加强水域生态系统结构和功能影响的研究，保障增殖放流持续健康地开展；加强种群遗传资源保护和管理的研究，制定出科学有效的措施，保护水生生物遗传多样性和生物多样性等。

（d）加强科学研究和工程后续评估，提升水库运行管理水平和适应能力。随着三峡工程的全面竣工，三峡水库运行过程中一些亟待解决的新情况、新问题逐步显露。在三峡工程后续工作中，建议继续重视生态环境科学研究工作，针对运行管理对策、生物多样性保护、环境承载力、面源污染防治、流动源污染防治、小流域污染原因与控制对策、环境基准和标准体系、环境监测评价技术体系、水及泥沙中污染物迁移转化途径、水体富营养化演变规律及防治对策、气候变化对水体的影响、消落区卫生风险和环境风险评估，以及生态系统服务功能损益等进行专门的研究。三峡工程后续生态环境研究工作，是确保三峡工程综合效益可持续发挥的必要保证。要借鉴三峡工程建设期的经验和教训，重点加强科研项目的管理，完善科技成果转化政策体系，提高三峡工程生态与环境科研项目管理水平和实施能力，强化科研项目的质量管理和信用管理，通过建立有效的监管机制，促进科技项目管理工作的系统化、规范化和科学化。

(e)制定特殊保护政策，建立生态补偿机制。尽快地出台针对三峡水库的特殊性保护政策、法律规章和各项制度，进一步完善水环境保护政策保障体系和法律保障体系；在长江上下游间，特别是针对库区真正建立起切实可行的水污染防控的联动机制和生态补偿机制，利用一切可以调动的力量推动长江流域的水污染联防联控进程。降低污染物对生态系统的威胁，提高生态系统的完整性和对气候变化的适应性。例如，可逐步建立三峡库区森林生态补偿机制，通过政策、立法，在财政、税收、信贷等方面对长江中上游实施生态重建的地区生态“反哺”。可吸纳农民为国家林场工人，负责植树造林和林场养护工作；或由农民承包荒山，进行植树造林，国家根据其造林护坡的数量和质量给予一定额度的补贴，林场增值归承包户所有。

6.5.3 三峡工程应对气候变化的适应对策

在未来气候变化情景下，三峡工程上游流域汛期洪涝、干旱等极端事件发生的频率将增加。强降水增加，降水诱发库区泥石流、滑坡等地质灾害发生的可能性增大，对三峡工程管理、大坝安全以及防洪和抗洪等产生不利影响；枯水期的干旱将影响三峡工程的蓄水、发电、航运以及水环境。三峡工程应对气候变化的适应性对策主要包括：

(1)建立以三峡水库为骨干的水库群联合调度运行保障机制和政策，加强长江上游水利工程联合调度，提高应对气候变化能力。

当前，长江上游干支流已建和在建的大中型水库数量众多，大规模梯级水库建设和运行将显著改变长江天然的水文过程、水沙分配比例。因此，需要优化和完善长江上游水库群联合调度方案，加强中长期径流预报和汛限水位动态控制技术研究，合理安排上游干支流水库群的蓄、泄水时机，充分发挥上游干支流水库群对长江中下游的防洪作用和整体综合效益。水库群的联合调度将增强流域水资源的优化配置能力，拓展流域综合效益，建议建立跨地区、跨部门的协调机制、应急机制和补偿机制，在国家层面制定促进长江上游水库群联合调度运行保障机制和政策，确保三峡工程及上游水库群能够充分发挥防洪等综合效益。

进一步优化三峡工程的运行调度方案，创新三峡工程的运行管理机制，实施水库"联合调度"和"生态调度"，实现三峡工程由相对单一的发电、防洪、航运工程向综合性生态工程的转变，改善库区和下游的河流水环境条件，进而建立三峡工程运行的可持续发展模式。

同时，鉴于长江上游来水来沙、下游河道冲淤、江湖关系变化等的不确定性以及三峡工程蓄水运用后对长江中下游的影响有一个逐步发展的过程，加之三峡工程对防洪、河道、供水、灌溉、生态环境等方面的影响还需不断地深入认知，因此，还需不断深化三峡工程运用后对长江中下游河势变化、江湖关系的影响及对策研究。

三峡工程建成后，形成了总库容约393亿 m^3 的巨型水库。三峡工程对长江上中游带来了一系列的问题，包括库区污染物质积累、库区消落带生态退化和荆江防洪补偿调节等。这些问题的解决，需要科学地设计三峡水库的调度方式，人为地改变下游的洪水节律或者改变上游水位的变化过程，达到通过径流和水位的调度改变河流物质交换能力与水体生态条件的作用，改善河流水环境状态的目标。以荆江防洪为例，由于三峡到荆江河段还有比较大的区间和支流汇合，因此三峡水库的防洪调度需要考虑区间洪水过程的变化。其中除了支流的天然洪水之外，清江来水及其隔河岩水库的蓄洪作用非常重要。因此可以将三峡和清江梯级水库作为一个关联系统进行调度运用，共同提供荆江防洪所需要的洪水拦蓄量以及蓄放水优先次序。在可以动用的水库防洪库容条件下，尽可能地降低荆江干流的高水位持续时间，从而减轻长江关键江段的防汛压力。

(2)加强对长江上游的不同预见期(短、中、长期预报)的水情预报技术研究，为三峡工程防洪科学调度提供技术支撑。

由于汛期长江上游降雨的时空分布不均，洪水的发生存在较大的不确定性，气候变化可能造成长江上游地区年内降水变率变大，将加剧三峡水库运行的不稳定性；极端天气事件发生频率及强度可能增大，超标洪水的发生的频率也可能增大，对三峡工程造成更大的防洪压力。因此，需进一步改进洪水预见期预报，采用水文气象结合，长、中、短期预报结合，滚动修正预报，制作具有3～5 d预见期，且具有一定精度的三峡水库的洪水预报成果。长江特大洪水是在特定的气候背景和大气环流条件下发生的，预见期也相对可能更长，水文气象预报可为三峡水库的防洪调度提供有利的技术保障。三峡工程洪水调度的风险主要为特大洪水发生及长江上中游洪水的恶劣遭遇，鉴于水文气象预报的精度和预见期，建议加强对长江上游的不同预见期(短、中、长期预报)的水情预报技术研究，同时，需进一步加强预报调度技术研究，降低三峡水库对洪水进行拦蓄调度的风险，为三峡工程防洪科学调度提供技术支撑，发挥三峡水库防洪综合效益。

(3)优化调整三峡工程的抗旱调度方案，加强干旱预警预报工作，使三峡工程在枯季抗旱调度中充分发挥作用。

气候变化加剧了全球的水资源危机，干旱频繁。2010 年，中国将抗旱纳入水库管理的工作重点，对水库管理提出了新的要求，为此应改变过去“重涝轻旱”的管水调水模式，需要利用动态汛限水位解决好防洪与蓄水的矛盾。

气候变化可能导致秋季降水减少，所造成的后果将导致长江上游的水库在秋季蓄水期蓄不满水，也影响三峡水库的蓄水、发电、航运以及水环境，从而可能导致枯水期干旱事件增加。因此，必须加强干旱预警预报工作，使枯季有限而宝贵的水流比较准时地流到中下游控制断面，同时需要控制沿江引用水量。虽然三峡水库增加抗旱调度会对原有调度运行方案产生一些影响，但只要精心规划和制定好预案，仍然可以使三峡水库发挥出更大的综合效益。

为了解决水库多目标调度之间可能产生的冲突和矛盾，使三峡枯季抗旱调度真正起到作用，需要对抗旱调度设定一些原则或者起调条件，使各种利益能够尽量协调，具体建议如下：

(a)三峡水库目前的防洪调度方式应该确保，防洪不仅是三峡水库的最主要功能，而且有巨大的社会和经济效益，汛期应以防洪调度为主，兼顾发电、航运和排沙等功能。需要研究和调整的是根据中长期水文预测、短期水文预报、水库来沙和排沙的情况，适当调高汛限水位，使发电和航运效益提高；汛末可以适当提前蓄水，建议设立起蓄期，而不是蓄水日(如 10 月 1 日)，起蓄期可以选在 9 月 1 日至 9 月 31 日之间，这样不仅可以保证汛后水库蓄满、减轻水库蓄水期对中下游河道和两湖地区的影响，增强这些地区抗旱能力，而且为枯季抗旱作好充足水源的筹备条件。

(b)为减缓三峡水库蓄水期对中下游的影响，根据上游和两湖地区来水情况，采用比较灵活的和动态的蓄水方案，如适当延长蓄水时间，控制蓄水期减泄流量。建立起长江整体控制性水库蓄水方案，平衡上游蓄水与下游减泄的矛盾，可以减轻蓄水期发生的一般性干旱带来的影响。

(c)三峡抗旱调度需要设置一定的门槛，常见的和一般性的干旱主要应当通过当地水库、用水需求管理、限制中下游引调水量等综合措施解决，不应该使受旱地区过分依赖三峡水库。频繁起用三峡水库的抗旱调度，不仅不利于国家电网的稳定运行、影响发电效益，而且抗旱的成本或者造成的损失可能远高于效益。当长江中下游地区发生较大面积的严重干旱时，三峡应该承担起抗旱的作用，即使损失一些发电效益，也是应该的和必要的。因为大面积、严重的干旱不仅会给国家和受旱地区带来严重的经济损失，也会引起社会的不稳定和生态环境的损失。

参考文献

白莹莹,高阳华,张焱,等. 2010. 气候变化对重庆高温和旱涝灾害的影响. 气象,**36**(9): 47-54.

白永清,陈正洪,陈鲜艳,等. 2015. 长江山区航道剖面能见度分析及局地影响因素初探. 长江流域资源与环境,**24**(2):339-345.

蔡庆华,刘敏,何永坤, 等. 2010. 长江三峡库区气候变化影响评估报告. 北京:气象出版社.

曹诗图,等. 2007. 长江三峡学概论. 武汉:长江出版社, 8-9.

陈海龙. 1957. 长江流域的地理环境对流域内天气和气候影响的探讨. 人民长江,**24**(7):1-3.

陈辉,施能,王永波. 2001. 长江中下游气候的长期变化及基本态特征. 气象科学,**21**(1):44-53.

陈进. 2010. 三峡水库抗旱调度问题的探讨. 长江科学院院报, **27**(5): 19-23.

陈进,李青云. 2011. 长江流域水环境综合治理的技术支撑体系探讨. 人民长江,**42**(2):94-97.

陈丽华,周率,党建涛, 等. 2010. 2006 年盛夏川渝地区高温干旱气候形成的物理机制研究. 气象,**36**(5): 85-91.

陈烈庭,吴仁广. 1998. 太平洋各区海温异常对中国东部夏季雨带类型的共同影响. 大气科学,**22**(5):718-726.

陈鲜艳,廖要明,张强. 2010. 长江三峡工程生态与环境监测系统——三峡气候及影响因子研究. 北京:气象出版社.

陈鲜艳,宋连春,郭占峰,等. 2013. 长江三峡库区和上游气候变化特点及其影响. 长江流域资源与环境, **22**(11):1466-1472.

陈鲜艳,张强. 2010. 长江三峡局地气候监测(1961—2007 年). 北京:气象出版社.

陈鲜艳, 张强, 叶殿秀, 等. 2009. 三峡库区局地气候变化. 长江流域资源与环境, **18**(1):47-51.

陈鲜艳,周兵,钟海玲,等. 2014. 2011 年春季长江中下游春旱的气候特征及特点. 长江流域资源与环境, **23**(1):139-144.

陈效孟. 1998. 长江三峡库区秋季连阴雨的气候特征. 四川气象, **18**(3): 27-32.

陈宜瑜. 2005. 中国气候与环境演变:气候与环境变化的影响与适应、减缓对策(下卷). 北京:科学出版社, 98-109.

陈宜瑜, 王毅, 李利锋, 等. 2007. 中国流域综合管理战略研究. 北京: 科学出版社.

陈永柏. 2004. 三峡工程对长江流域可持续发展影响. 长江流域资源与环境, **2**(13):109-113.

陈正洪,万素琴,毛以伟. 2005. 三峡库区复杂地形下的降雨时空分布特点分析. 长江流域资源与环境,**14**(5):623-627.

程炳岩,郭渠,张一, 等. 2011. 三峡库区高温气候特征及其预测试验. 气象,**37**(12): 1544-1552.

杜培斌,曹诗图,张晓静, 等. 1998. 三峡地理要览. 武汉:中国地质大学出版社.

傅抱璞. 1997. 中国不同自然条件下的水域气候效应. 地理学报, **52**(3): 246-252.

傅抱璞, 朱超群. 1974. 新安江水库对降水的影响. 气象科技资料, **4**: 13-20.

龚振淞,何敏. 2006. 长江流域夏季降水与全球海温关系的分析. 气象,**32**(1):56-61.

国家气象中心，等. 2006. GB/T 20481—2006 气象干旱等级. 北京：中国标准出版社.

郭渠，龙中亚，程炳岩，等. 2011. 我国三峡库区近49年暴雨气候特征分析. 水文，**31**(6)：86-91.

郭渠，罗伟华，程炳岩，等. 2011. 三峡库区暴雨时空特征及其与洪涝的关系. 资源科学，**33**(8)：1513-1521.

海香，李强，任明明，等. 2008. 2006年重庆特大旱灾及其原因分析. 陕西师范大学学报(自然科学版)，**36**(2)：85-90.

何丽，吴宜进，但长军，等. 2007. 近百年全球气温变化对长江流域旱涝灾害的影响. 中国农业气象，**28**(4)：364-366.

黄健民. 1999. 长江三峡地理. 重庆：重庆出版社.

黄荣辉，蔡榕硕，陈际龙，等. 2006. 我国旱涝气候灾害的年代际变化及其与东亚气候系统变化的关系. 大气科学，**30**：730-743.

黄薇，陈进. 2004. 长江流域水资源利用研究. 中国资源综合利用，(10)：13-16.

黄燕燕，钱永甫. 2004. 长江流域、华北降水特征与南亚高压的关系分析. 高原气象，**23**(1)：68-74.

黄忠恕. 1999. 厄尔尼诺现象与长江流域降水异常. 人民长江，**30**(5)：13-14.

吉进喜，张立凤，彭军. 2010. 2006—2007年夏季重庆大旱、大涝的阻高时空特征分析. 气象与环境科学，**33**(1)：30-35.

况雪源，张耀存. 2006. 东亚副热带西风急流位置异常对长江中下游夏季降水的影响. 高原气象，**25**(3)：382-389.

赖锡军，姜加虎，黄群. 2012. 三峡工程蓄水对洞庭湖水情的影响格局及其作用机制. 湖泊科学，**24**(2)：178-184.

冷春香，陈菊英. 2003. 西太平洋副高在1998年和2001年梅汛期长江大涝大旱中的作用. 气象，**29**(6)：7-11.

李崇银，咸鹏. 2003. 北太平洋海温年代际变化与大气环流和气候的异常. 气候与环境研究，**8**(3)：258-273.

李海英，冯顺新，廖文根. 2010. 全球气候变化背景下国际水电发展态势. 中国水能及电气化，**70**(10)：29-37.

李黄，张强. 2003. 长江三峡工程生态与环境监测系统局地气候监测评价. 北京：气象出版社.

李明新，程海云，葛守西. 1999. 从1998年洪水看三峡水库的防洪作用. 人民长江，**30**(2)：34-35.

李强，周锁铨，李永华，等. 2010. 三峡库区洪涝特征及其与大尺度环流的联系. 大气科学学报，**33**(4)：477-488.

李跃清，蒋兴文. 2007. 1998年夏季长江上游暴雨过程的水汽输送特征. 暴雨灾害，**26**(1)：35-39.

廖要明，张强，陈德亮. 2007. 1951—2006年三峡库区夏季气候特征. 气候变化研究进展，**3**(6)：368-372.

林德生，吴昌广，周志翔，等. 2010. 三峡库区近50年来的气温变化趋势. 长江流域资源与环境，**19**(9)：1037-1043.

刘波，姜彤，任国玉，等. 2008. 2050年前长江流域地表水资源变化趋势. 气候变化研究进展，**4**

(3):145-150.
刘德，申学勤，李永华. 2000. 三峡库区夏季旱涝成因分析及预测方法研究. 四川气象，**20**(4): 36-39.
刘晓冉，杨茜，程炳岩. 2009. 2006年川渝伏旱同期环流场和水汽场异常特征分析. 气象,**35**(8): 27-34.
刘晓冉,杨茜,程炳岩,等. 2010. 三峡库区21世纪气候变化的情景预估分析. 长江流域资源与环境，**19**(1):42-47.
刘志雄,肖莺. 2012. 长江上游旱涝指标及其变化特征分析. 长江流域资源与环境,**21**(3):310-314.
陆佑楣. 2011. 三峡工程是改善长江生态、保护环境的工程. 中国工程科学，**13**(7): 9-13.
马占山,张强,秦琰琰. 2010. 三峡水库对区域气候影响的数值模拟分析. 长江流域资源与环境，**19**(9):1044-1052.
马占山,张强,朱蓉，等. 2005. 三峡库区山地灾害基本特征及滑坡与降水关系. 山地学报,**23**(3): 319-326.
马振锋,高文良,刘富明，等. 2003. 青藏高原东侧初夏旱涝的季风环流分析. 高原气象,**22**(增刊): 1-7.
钮新强，谭培伦. 2006. 三峡工程生态调度的若干探讨. 中国水利,(14):8-10.
彭京备,张庆云,布和朝鲁. 2007. 2006年川渝地区高温干旱特征及其成因分析. 气候与环境研究,**12**(3): 464-474.
彭乃志,傅抱璞,刘建栋，等. 1996. 三峡库区地形与暴雨的气候分析. 南京大学学报,**32**(4): 728-731.
邱忠恩,谈昌莉,张惠，等. 2003. 长江三峡工程综合经济效益研究. 人民长江，**34**(8):43-46.
沈浒英,陈瑜彬. 2011. 2009—2010年长江上游地区旱情成因分析. 人民长江,**42**(9): 12-14+37.
水利部长江水利委员会. 2002. 长江流域水旱灾害. 北京:中国水利水电出版社,3-4.
司东,柳艳菊,马丽娟，等. 2012. 2011年初夏我国长江中下游降水的气候特征及成因. 气象,**38**(5): 601-607.
宋文玲,杨义文. 2003. 长江三峡地区夏季旱涝特征及气候预测. 气象,**29**(7):13-18.
孙佳,李永华,李庆祥,等. 2014. 重庆气温资料均一性检验和订正的初步分析. 西南师范大学学报(自然科学版)，**39**(9):173-179.
孙淑清，马淑杰. 2001. 西太平洋副热带高压异常及其与1998年长江流域洪涝过程关系的研究. 气象学报，**59**(6): 719-729.
孙淑清,马淑杰. 2003. 海温异常对东亚夏季风及长江流域降水影响的分析及数值试验. 大气科学，**27**(1):36-52.
谭桂容,孙照渤,朱伟军，等. 2009. 2007年夏季降水异常的成因及预测. 大气科学学报,**32**(3): 436-442.
陶诗言,李吉顺,王昂生. 1997. 东亚季风与我国洪涝灾害. 中国减灾,**7**(4):17-24.
王国庆，张建云，贺瑞敏，等. 2009. 三峡工程对区域气候影响有多大. 中国三峡，**6**:30-35.
王俊，王善序，万汉生，等. 2002. 长江流域旱涝灾害. 北京:中国水利水电出版社.

王梅华,刘莉红,张强. 2005. 三峡地区气候特征.气象,**31**(7):68-71.

王善华.1993. 长江三峡降水与有关海域海温、南方涛动的关联.南京气象学院学报,**16**(4):488-491.

王晓敏,周兵,周顺武. 2012. 2009/2010年西南地区秋冬春持续干旱的成因分析. 气象,**38**(11):1399-1407.

韦道明,李崇银,谭言科. 2011. 夏季西太平洋副热带高压南北位置变动特征及其影响. 气候与环境研究,**16**(3):255-272.

魏凤英,宋巧云,韩雪. 2006. 近百年北半球海平面气压分布结构及其对长江中下游梅雨异常的影响.自然科学进展,**16**(2):215-222.

魏凤英,张先恭. 1992. 影响长江流域异常旱涝的因子分析. 应用气象学报,**3**(3):321-327.

汶林科,崔鹏,杨红娟,等.2011.ENSO与长江流域中游地区雨季极端降水的关系.山地学报,**29**(3):299-305.

翁笃鸣,陈万隆,沈觉成. 1981. 小气候和农田小气候. 北京:气象出版社.

吴佳,高学杰,张冬峰,等. 2011. 三峡水库气候效应及2006年夏季川渝高温干旱事件的区域气候模拟. 热带气象学报,**27**(1):44-52.

杨荆安,陈正洪. 2002. 三峡坝区区域性气候特征.气象科技,**30**(5):292-299.

杨修群,谢倩,黄士松.1992.赤道中东太平洋海温和北极海冰与夏季长江流域旱涝的相关.热带气象,**8**(3):261-265.

叶殿秀,陈鲜艳,张强,等. 2014. 1971—2003年三峡库区诱发滑坡的临界降水阈值初探. 长江流域资源与环境,**23**(9):1289-1294.

叶殿秀,张强,邹旭恺,等. 2009. 近几十年三峡库区主要气象灾害变化趋势.长江流域资源与环境,**18**(3):296-300.

叶殿秀,邹旭恺,张强,等. 2008. 长江三峡库区高温天气的气候特征分析. 热带气象学报,**24**(2):200-204.

叶愈源,赵文兰.1995.近百年长江中游旱涝变化.热带气象学报,**11**(2):181-186.

虞俊,王遵娅,张强. 2010. 长江三峡库区大雾的变化特征分析及原因初探. 气候与环境研究,**15**(1):97-105.

于淑秋.1998.长江三峡坝区汛期降水的气候背景分析及其与北太平洋海温的关系.高原气象,**17**(3):290-299.

袁超,陈永柏.2010.三峡水库生态调度的适应性管理研究.长江流域资源与环境,**20**(3):269-275.

张博庭. 2010. 应对气候变化亟待加强水资源开发和管理. 电网与清洁能源,(26):3-8.

张冲,赵景波.2011.厄尔尼诺/拉尼娜事件对长江流域气候的影响研究.水土保持通报,**31**(3):1-6.

张海滨,屈艳萍.2011.长江中下游五省抗旱减灾对策初步探讨.中国水利,(13):31-34.

张洪涛,祝昌汉,张强. 2004. 长江三峡水库气候效应数值模拟. 长江流域资源与环境,**13**(2):133-136.

张建敏,黄朝迎,吴金栋. 2000. 气候变化对三峡水库运行风险的影响. 地理学报,**55**(S1):26-33.

张强，罗勇，廖要明，等．2007．‘06 三峡库区夏季高温干旱及成因分析．中国三峡建设，**2**：89-91.

张强，万素琴，毛以伟，等．2005．三峡库区复杂地形下的气温变化特征．气候变化研究进展，**1**(4)：164-167.

张琼，吴国雄．2001．长江流域大范围旱涝与南亚高压的关系．气象学报，**59**(5)：569- 577.

张天宇，程炳岩，李永华，等．2010．1961—2008 年三峡库区极端高温的变化及其与区域性增暖的关系．气象，**36**(12)：86-93.

郑国光．2011．三峡工程对周边气候影响微不足道．中国三峡，(5)：31-34.

中国工程院三峡工程阶段评估项目组．2010．中国工程院重大咨询项目．//三峡工程阶段评估报告(综合卷)．北京：中国水利水电出版社.

中国气象局气象科学院．1981．中国近五百年旱涝分布图集．北京：地图出版社.

周长艳，李跃清．2005．长江上游地区水汽输送的气候特征．长江科学院院报，**22**(5)：18-22.

周长艳，王顺久，徐捷，等．2010．长江上游和中下游地区空中水汽资源气候特征对比分析．长江流域资源与环境，**19**(Z2)：58-66.

周毅，高阳华，段相洪．2005．三峡库区夏季降水基本气候特征．西南农业大学学报(自然科学版)，**27**(2)：269-272.

周月华，王海军，高贤来．2006．近 531 年长江上中游与汉江流域水资源变化的初步研究．高原气象，**25**(4)：744-749.

朱玲，左洪超，李强，等．2010．夏季南亚高压的气候变化特征及其对中国东部降水的影响．高原气象，**29**(3)：671- 679.

朱益民，杨修群．2003．太平洋年代际振荡与中国气候变率的联系．气象学报，**61**(6)：641-654.

朱玉祥，丁一汇．2007．青藏高原积雪对气候影响的研究进展和问题．气象科技，**35**(1)：1-8.

邹旭恺，高辉．2007．2006 年夏季川渝高温干旱分析．气候变化研究进展，**3**(3)：149-153.

Andersson J L, Wilk J, Todd M C, et al. 2006. Impact of climate change and development scenarios on flow patterns in the Okavango River. Journal of Hydrology, **331**(1-2): 43-57.

Betts A K. 1986. A new convective adjustment scheme. Part I: Observational and theoretical basis. Quarterly Journal of the Royal Meteorological Society, **112**(473): 677-691.

Brekke L D, Maurer E P, Anderson J D, et al. 2009. Assessing reservoir operations risk under climate change. Water Resources Research, **45**(4): 404-411.

Broad K, Pfaff A, Taddei R, et al. 2007. Climate, stream flow prediction and water management in northeast Brazil: societal trends and forecast value. Climatic Change, **84**(2): 217-239.

Bunn S E, Arthington A H. 2002. Basic principles and ecological consequences of altered flow regimes for aquatic biodiversity. Environmental Management, **30**(4): 492-507.

Chang F J, Chang Y T. 2006. Adaptive neuro-fuzzy inference system for prediction of water level in reservoir. Advances in Water Resources, **29**: 1-10.

Chen W, Han F G, Huang R. 2000. The interannual variability of East Asian winter monsoon and its relationship to the summer monsoon. Advances in Atmospheric Sciences, **17**(1): 48-60.

Christensen N S, Wood A W, Voisin N, et al. 2004. Effects of climate change on hydrology and water resources of the Colorado River. Climatic Change, **62**(1-3):337-363.

Davies H C. 1976. A laterul boundary formulation for multi-level prediction models. Quarterly Journal of the Royal Meteorological Society, **102**(432): 405-418.

Dickinson R E, Kennedy P J, Giorgi F, et al. 1989. A regional climate model for the western United States. Climatic Change, **15**(3): 383-422.

Ding Y H, Sun Y, Wang Z Y, et al. 2009. Inter-decadal variation of the summer precipitation in East China and its association with decreasing Asian summer monsoon. Part II: possible causes. International Journal of Climatology, **29**: 1926-1944.

Emanuel K A. 1991. A scheme for representing cumulus convection in large-scale models. Quarterly Journal of the Royal Meteorological Society, **48**(21): 2313-2335.

Frich P, Alexander L V, Della-Marta P, et al. 2002. Observed coherent changes in climatic extremes during the second half of the twentieth century. Climate Research, **19**: 193-212.

Gao X, Shi Y, Song R, et al. 2008. Reduction of future monsoon precipitation over China: comparison between a high resolution RCM simulation and the driving GCM. Meteorology Atmospheric Physics, **100**(1): 73-86.

Giorgi F, Bates G T. 1989. The climatological skill of a regional model complex terrain. Monthly Weather Review, **117**(11): 2325-2347.

Giorgi F. 1990. Simulation of regional climate using a limited area model nested in a general circulation model. Journal of Climate, **3**(9): 941-964.

Hessami M, Gachon P, Ouarda T, et al. 2008. Automated regression-based statistical downscaling tool. Environmental Modelling & Software, **23**(6): 813-834.

Holtslag A A M, Boville B A. 1993. Local versus nonlocal boundary-layer diffusion in a global climate model. Journal of Climate, **6**(10): 1825-1842.

Huang R, Wu Y. 1989. The influence of ENSO on the summer climate change in China and its mechanism. Advances in Atmospheric Science, **6**: 21-32.

Huang R, Zhou L, Chen W. 2003. The progresses of recent studies on the variabilities of the East Asian monsoon and their causes. Advances in Atmospheric Science, **20**(1): 55-69.

Huang R, Gu L, Zhou L, et al. 2006. Impact of the thermal state of the tropical western Pacific on onset date and process of the South China Sea summer monsoon. Advances in Atmospheric Sciences, **23**:909-924.

Johnson B M, Saito L, Anderson M A, et al. 2004. Effects of climate and dam operations on reservoir thermal structure. Journal of Water Resources Planning and Management, **130**(2): 112-122.

Kang B, Lee S J, Kang D H, et al. 2007. A flood risk projection for Yongdam dam against future climate change. Journal of Hydro-environment Research, **1**(2): 118-125.

Lee S, Hamlet A, Fitzgerald C, et al. 2009. Optimized Flood Control in the Columbia River Basin for a Global Warming Scenario. Journal of Water Resources Planning and Management, **135** (6): 440-450.

Lettenmaier D P, Wood A W, Palmer R N, et al. 1999. Water resources implications of global warming: a U. S. regional perspective. Climatic change, **43**(3): 537-579.

Lorenzo-Lacruz J, Vicente-Serrano S M, et al. 2010. The impact of droughts and water management on various hydrological systems in the headwaters of the Tagus River (central Spain). Journal of Hydrology, **386**(1-4):13-26.

Mimikou M A, Baltas E A. 1997. Climate change impacts on the reliability of hydroelectric energy production. Hydrological Sciences, **42**(5): 661-678.

Minville M, Brissette F, Leconte R. 2010. Impacts and Uncertainty of Climate Change on Water Resource Management of the Peribonka River System. Journal of water resources planning and management, **136**(3): 376-385.

Mathews R, Richter B D. 2007. Application of the indicators of hydrologic alteration software in environmental flow setting. Journal of the American Water Resources Association , **43**(6): 1400-1413.

Miller N L, Jin J M, Tsang C F. 2005. Local climate sensitivity of the Three Gorges Dam. Geophysical Research Letters, 32, L16704, DOI: 10.1029/2005GL022821.

Miller W P, Piechota T C, Gangopadhyay S, et al. 2010. Development of streamflow projections under changing climate conditions over Colorado River Basin headwaters. Hydrology and Earth System Sciences Discussions,**7**(4): 5577-5619.

Milly P C D, Betancourt J, Falkenmark M, et al. 2008. Stationarity is dead: Whither water management? Science, 319:573-574. doi:10.1126/SCIENCE.1151915.

Milly P C D, Dunn K A, Vecchia A V. 2005. Global patterns of trends in streamflow and water availability in a changing climate. Nature, 438:347-350. doi:10.1038/NATURE04312.

Pahl-Wostl C. 2007. Transitions toward adaptive management of water facing climate and global change. Water Resources Management, **21**(1): 49-62.

Pal J S, Giorgi F, Bi X Q, et al. 2007. Regional climate modeling for the developing world: The ICTP RegCM3 and RegCNET. Bulletin of the American Meteorological Society, **88**(9): 1395-1409.

Payne J T, Wood A W, Hamlet A F, et al. 2004. Mitigating the effects of climate change on the water resources of the Columbia River basin, Climatic Change, **62**(1): 233-256.

Pearsall S H, McCrodden B J, Townsend P A. 2005. Adaptive management of flows in the lower Roanoke River, North Carolina, USA. Environmental Management, **35**(4):353-367. doi:10.1007/S00267-003-0255-3.

Poff N L, Allan J D, Bain M B, et al. 1997. The natural flow regime: a paradigm for river conservation and restoration. Bio Science, **47**: 769-784. doi:10.2307/1313099.

Raje D, Mujumdar P P. 2010. Reservoir performance under uncertainty in hydrologic impacts of climate change. Advances in Water Resources, **33**(3): 312-326.

Reynolds R W,Rayner N A,Smith T M,et al. 2002. An improved in situ and satellite SST analysis for climate. Journal of Climate,**15**(13): 1609-1625.

Roncoli C, Kirshen P, Etkin D, et al. 2009. From management to negotiation: Technical and Institutional Innovations for Integrated Water Resource Management in the Upper Comoé River Basin, Burkina Faso. Environmental Management, **44**(4):695-711.

Smith J B, Lenhart S S. 1996. Climate change adaptation policy options. Climate research, **6**(2): 193-201.

Simonovic S P, Li L. 2003. Methodology for Assessment of Climate Change Impacts on Large-Scale Flood Protection System. Journal of Water Resources Planning and Management, **129**(5): 361-371.

Steadman R G. 1979. The assessment of sultriness. Part I: A temperature-humidity index based on human physiology and clothing science. Journal of Applied Meteorology, **18**(7): 861-873.

Sulzlman E W, Polani K A, Kittel T G. 1995. Modeling Human-induced climate change: a summary for environmental manager. Environmental Management, **19**(2): 197-224.

Sun C, Yang S. 2012. Persistent severe drought in southern China during winter-spring 2011: Large-scale circulation patterns and possible impacting factors. Journal of Geophysical Research Atmospheres, **117**(D10): D10112.

Tanaka S K, Zhu T, Lund J R, et al. 2006. Climate warming and water management adaptation for California. Climatic Change, **76**(3-4): 361-387.

Tao S, Ding Y. 1981. Observational evidence of the influence of the Qinghai-Xizang Plateau on the occurrence of heavy rain and severe convective storms in China. Bulletin of the American Meteorological Society, **62**: 23-30.

Vano J A, Voisin N, Cuo L, et al. 2010. Climate change impacts on water management in the Puget Sound region, Washington State, USA. Climatic Change, **102**(1-2): 261-286.

Vicuña S, Leonardson R, Hanemann M W, et al. 2008. Climate change impact on highevlevation hydropower generation in California's Sierra Nevada: a case study in the upper American River. Climatic Change, **87**(1): 123-137.

Wang X, Chen Y, Song L, et al. 2013. Analysis of lengths, water areas and volumes of the Three Gorges Reservoir at different water levels using Landsat images and SRTM DEM data. Quaternary International, **304**: 115-125.

Wilby R L, Dawson C W, Barrow E M. 2002. SDSM - a decision support tool for the assessment of regional climate change impacts. Environmental Modeling & Software, **17**(2): 145-159.

Wu J, Gao X, Giorgi F, et al. 2012. Climate effects of the Three Gorges Reservoir as simulated by a high resolution double nested regional climate model. Quaternary International, **282**: 27-36.

Wu L, Zhang Q, Jiang Z. 2006. Three Gorges Dam affects regional precipitation. Geophysical Research Letters, 33, L13806, DOI:10.1029/2006GL026780.

Xie P, Yatagai A, Chen M, et al. 2007. A gauge-based analysis of daily precipitation over East Asia. Journal of Hydrometeorology, **8**(3): 607-626.

Yates D, Galbraith H, Purkey D, et al. 2008. Climate warming, water storage, and Chinook salmon in California's Sacramento Valley. Climatic Change, **91**(3-4): 335-350.

Yao H, Georgakakos A P. 2001. Assessment of Folsom Lake response to historical and potential future climate scenarios: Reservoir management. Journal of Hydrology, **249**(1-4): 176-196.

Kundzewicz Z W, Nohara D, Jiang T J, et al. 2009. Discharge of large Asian rivers-Observations and projections. Quaternary International, **208**(1-2): 4-10.

Zhu Q, He J, Wang P. 1986. A study of circulation difference between East-Asian and Indian summer monsoon with their interactions. Advances in Atmospheric Sciences, **3**(4):466-477.

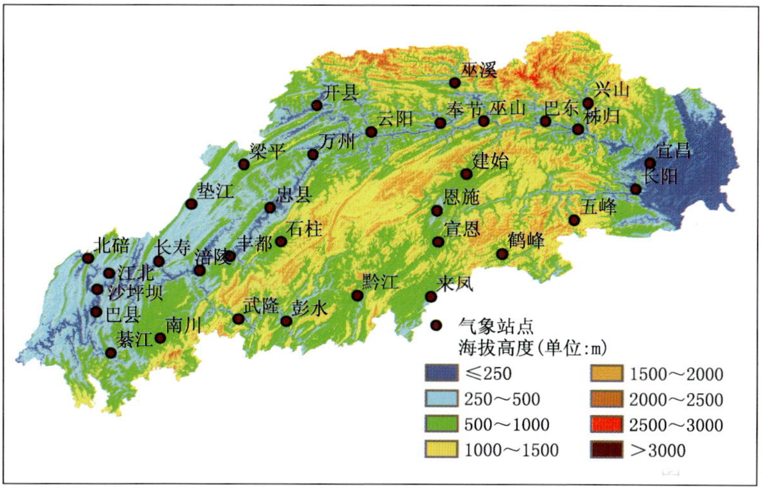

图 1.1　三峡库区范围及气象观测站分布

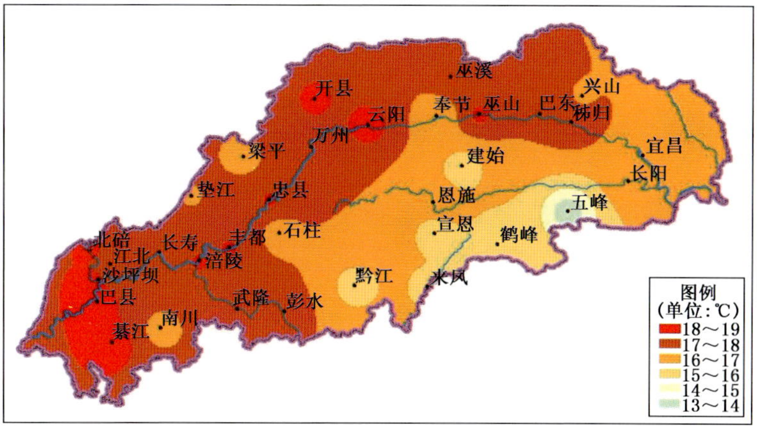

图 1.2　三峡库区常年平均气温分布图

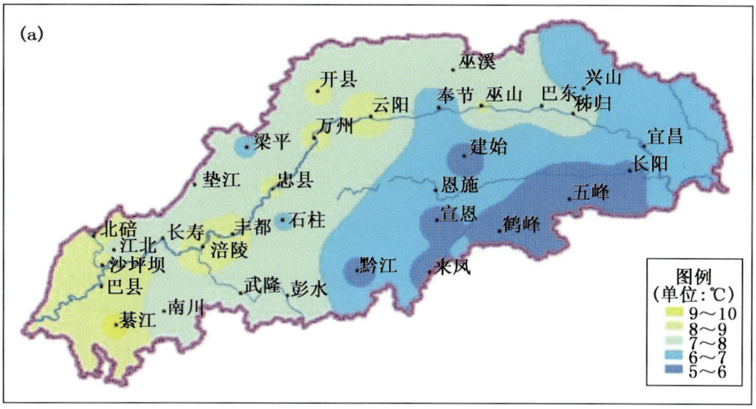

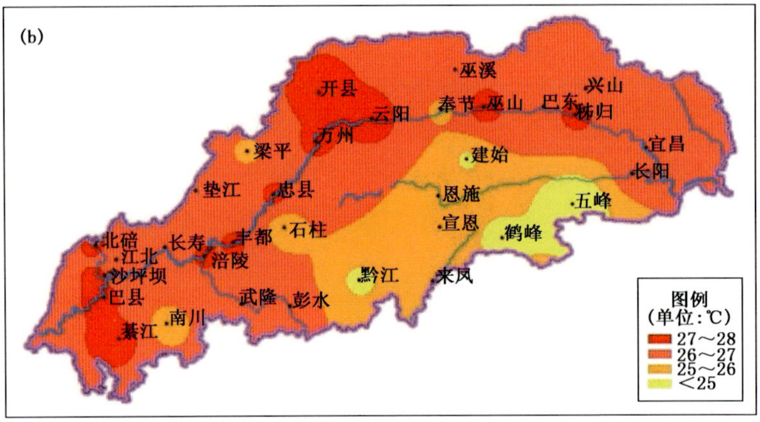

图 1.3　三峡库区常年冬季(a)和夏季(b)平均气温分布图

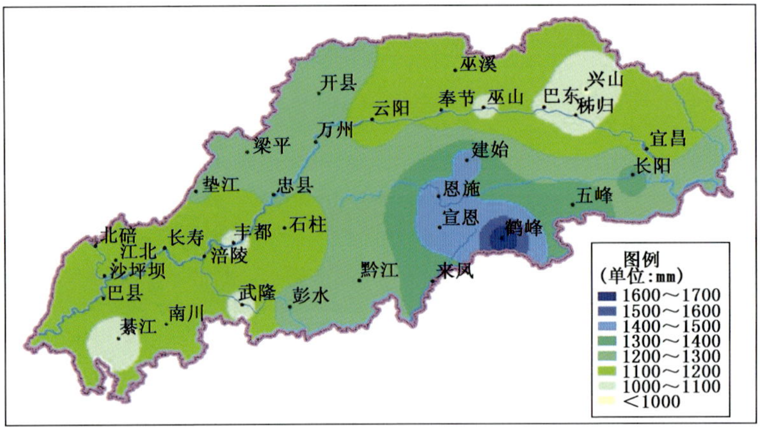

图 1.16　三峡库区年降水量分布图(1971—2000 年平均)

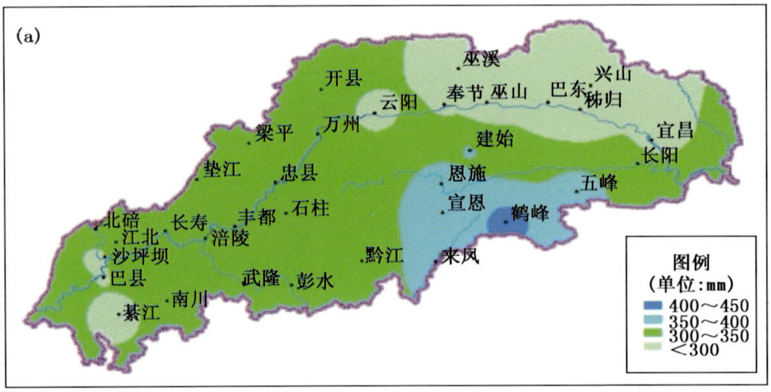

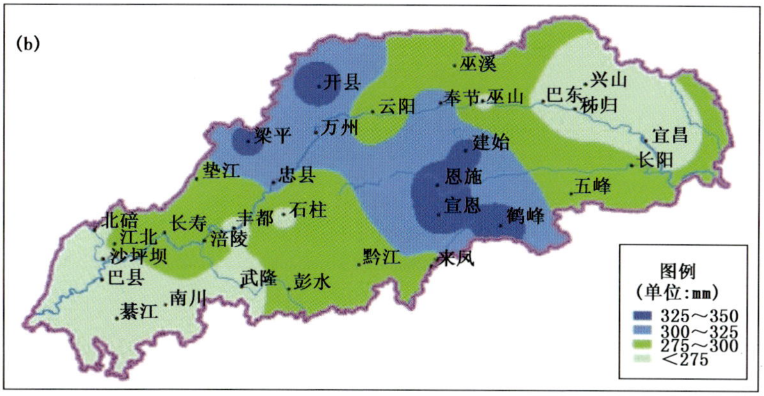

图 1.17　三峡库区春季(a)和秋季(b)降水量分布图(1971—2000 年平均)

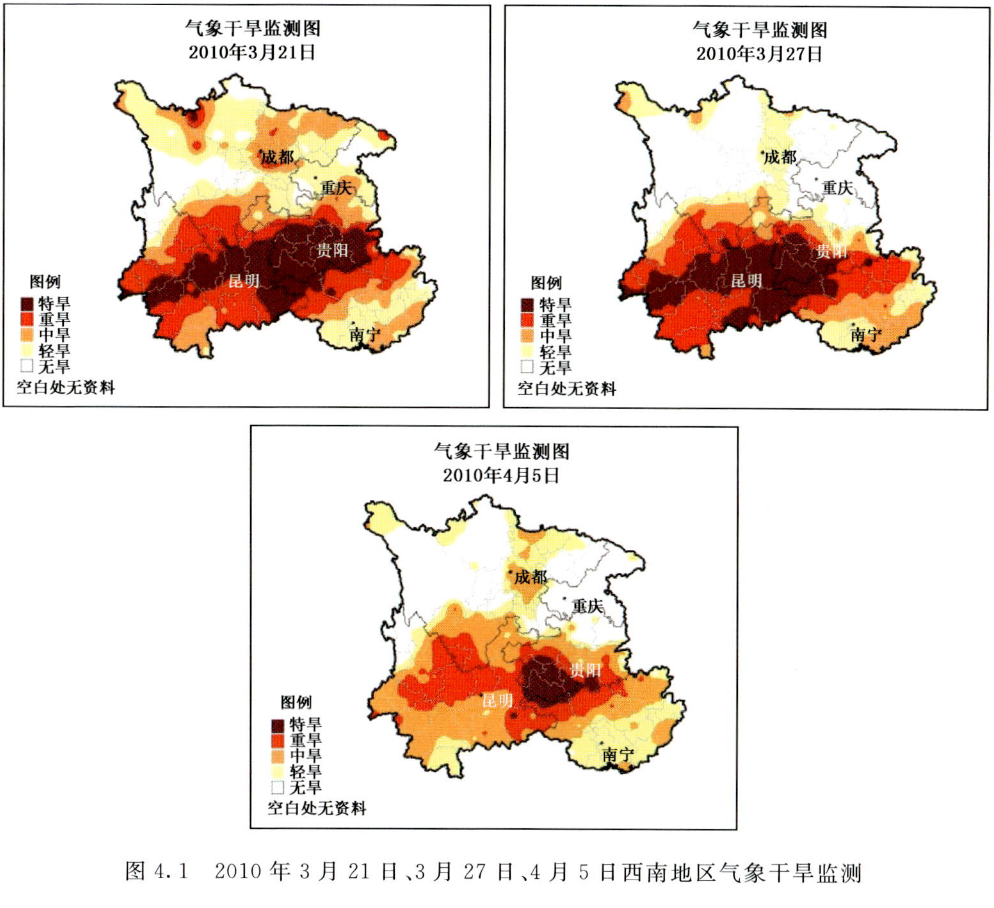

图 4.1　2010 年 3 月 21 日、3 月 27 日、4 月 5 日西南地区气象干旱监测

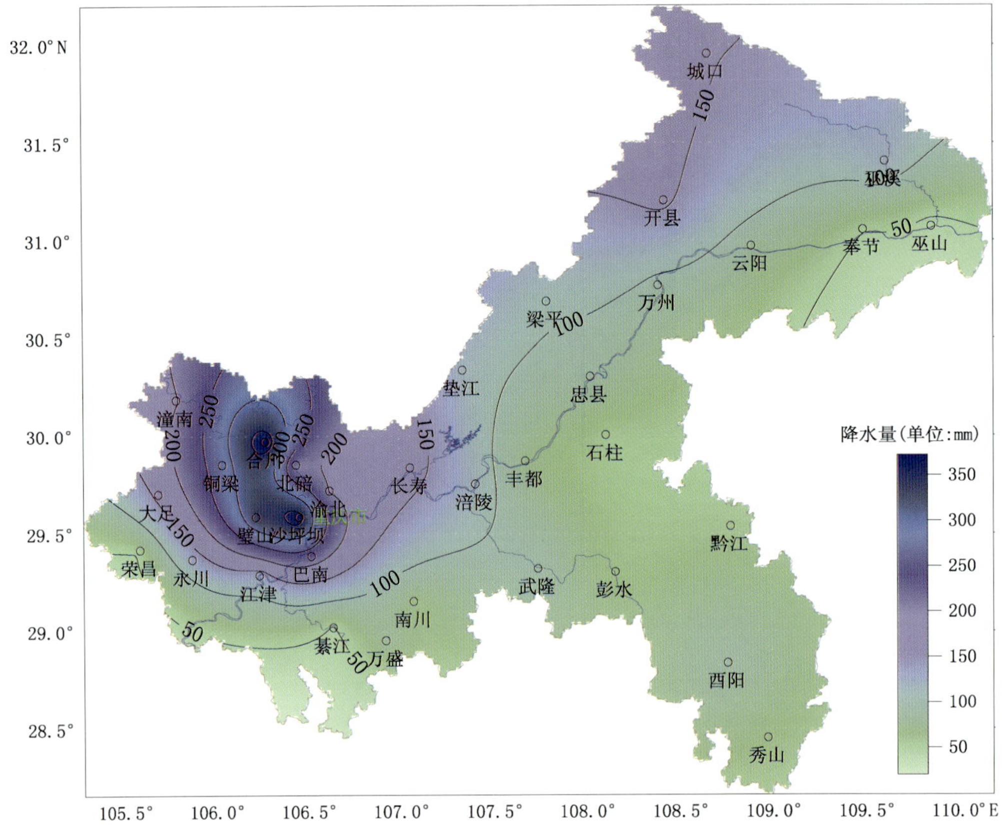

图 4.2　2007 年 7 月 16—22 日重庆市降水量分布

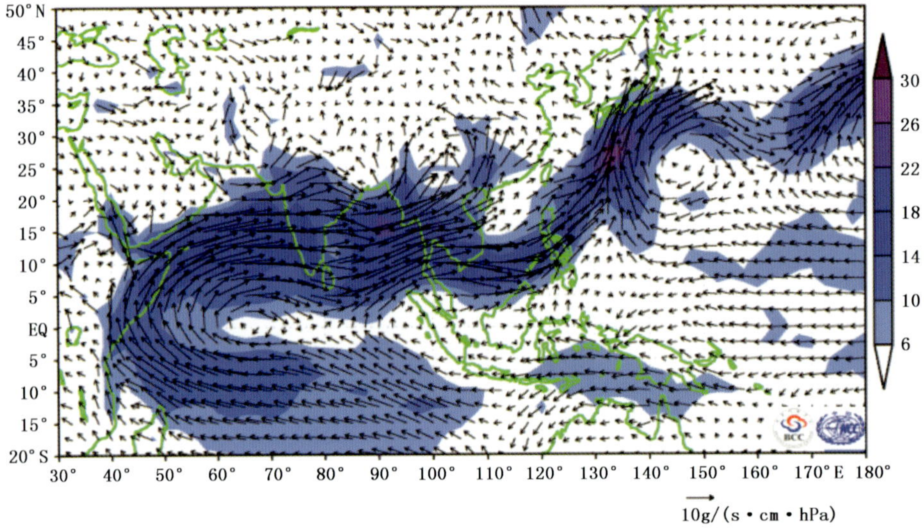

图 4.4　2007 年 7 月第 3 候候平均 850 hPa 水汽输送图

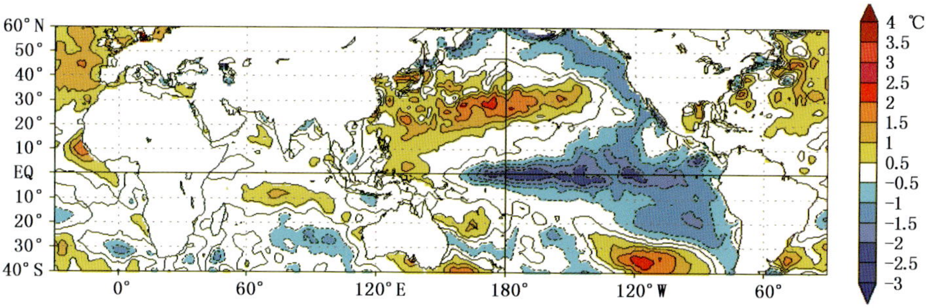

图 4.5 2008 年 1 月海温距平值分布

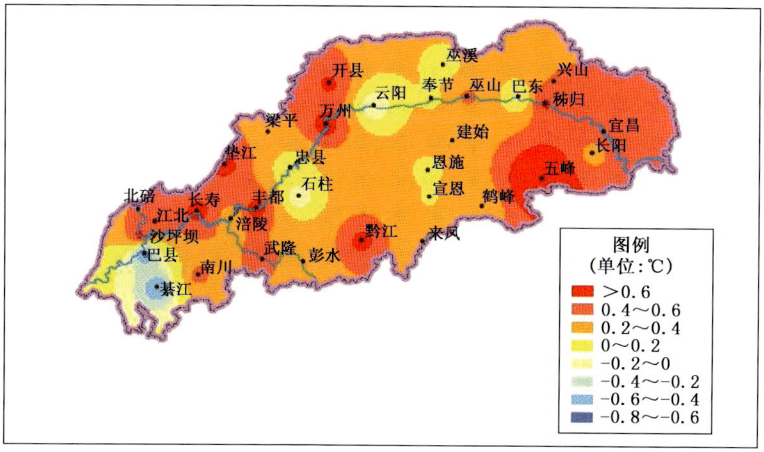

图 5.2 三峡水库蓄水后年平均气温较蓄水前的变化

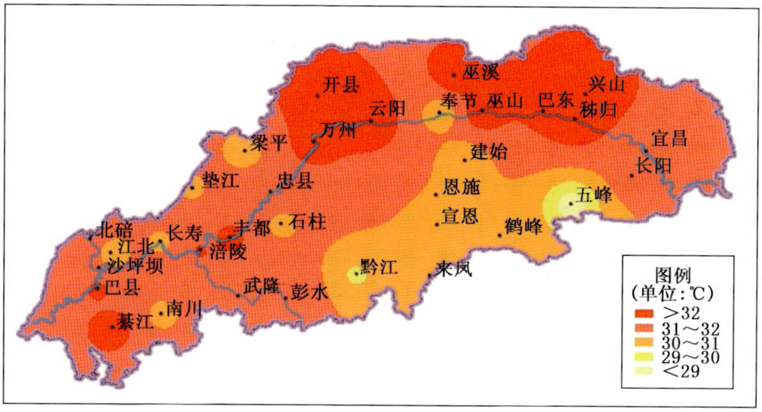

图 5.6 三峡库区蓄水前夏季平均最高气温分布

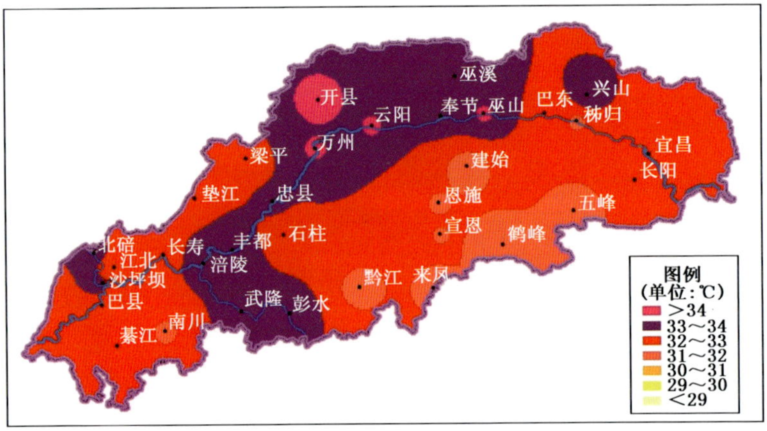

图 5.7　三峡库区蓄水后夏季平均最高气温分布

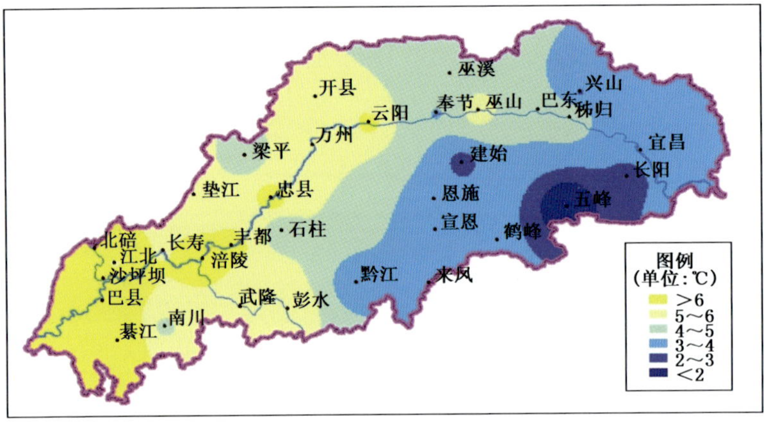

图 5.8　三峡库区蓄水前冬季平均最低气温分布

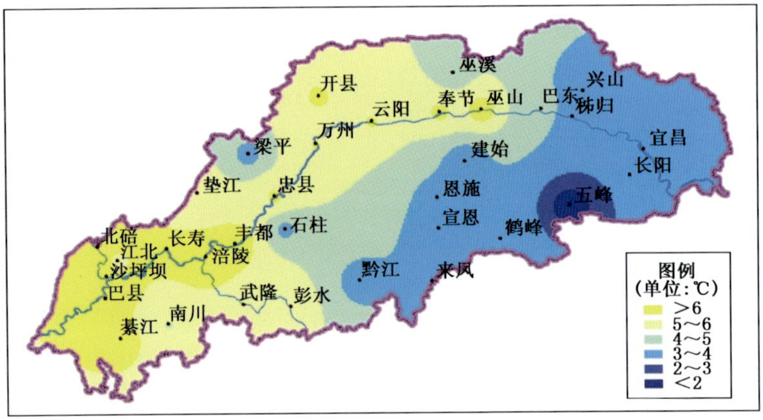

图 5.9　三峡库区蓄水后冬季平均最低气温分布

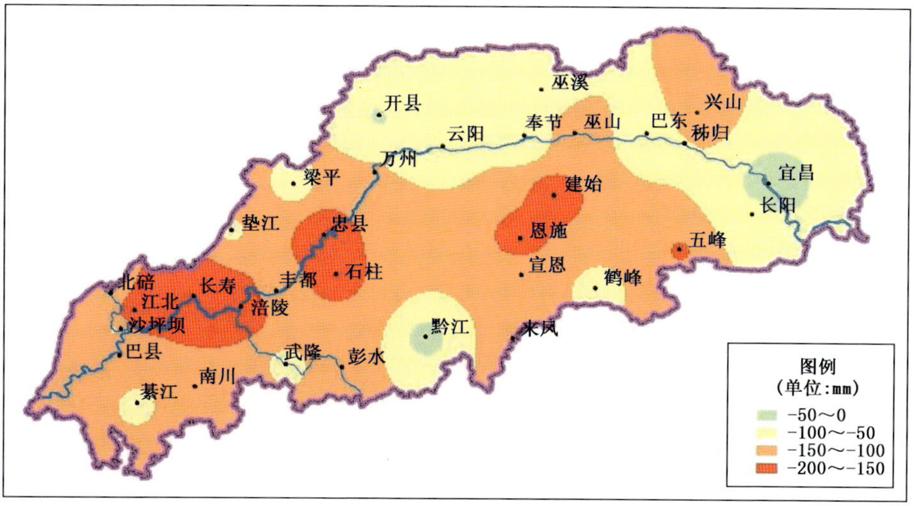

图 5.10　三峡水库蓄水前后各站年降水量变化对比

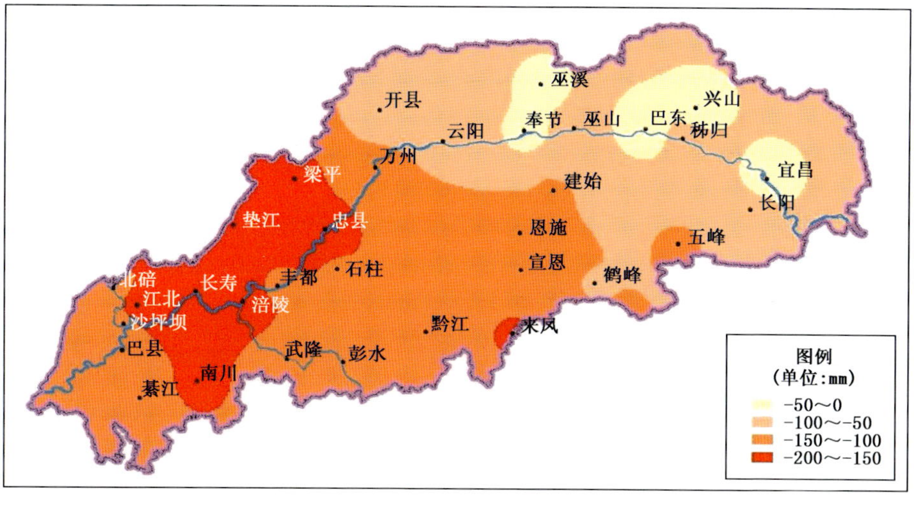

图 5.11　三峡水库蓄水前后夏季降水量变化对比

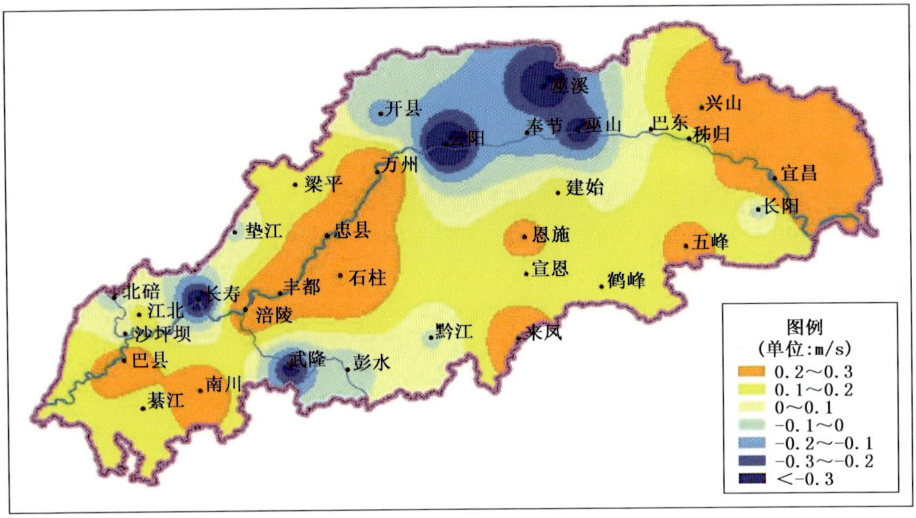

图 5.15　三峡水库蓄水后年平均风速变化对比

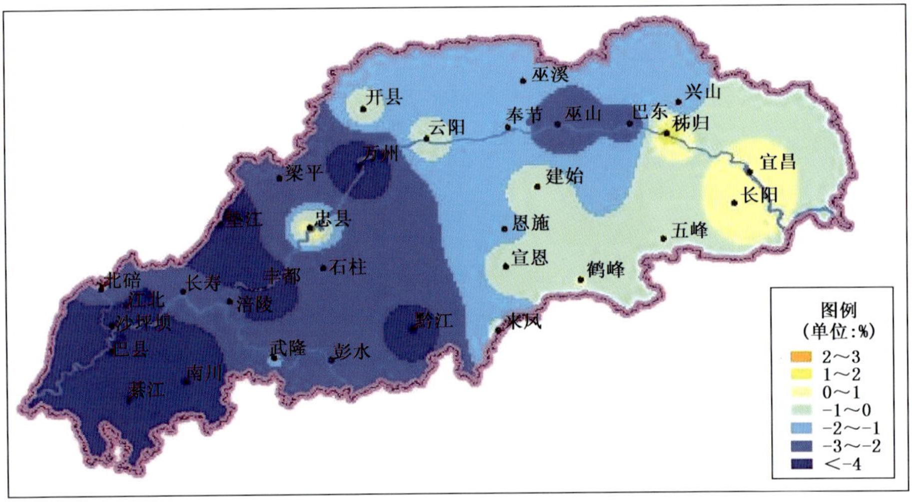

图 5.17　三峡水库蓄水前后库区相对湿度变化对比

ISBN 978-7-5029-6318-7

9 787502 963187 >

定价: 48.00 元